磨報 **6**

綠色製造與智慧未來

砥礪琢磨

砥礪琢磨

March . 2023 No.06

CONTENTS

目錄

2022
後疫情時期
的展覽會趨勢

圖文 / 砥礪琢磨 編輯部

綠色製造與智慧未來

　　2022 年 6 月 22 日日本工業展在東京國際展覽館中心 (Tokyo Big Sight) 展出；而兩年一度的第 31 屆日本國際工具機展 (JIMTOF 2022) 於 11 月 8 日至 13 日也在同樣地點登場，睽違四年的熱鬧開展，吸引全球各大廠商及公司共襄盛舉。

グリーンテクノロジーの未来

台灣擁有全球唯一的工具機及零組件產業聚落，機械公會秘書長許文通指出，2022 年前三季台灣工具機出口 22.3 億美元，年成長 13.3％，行銷全球 8 國，工具機出口在國際市場具有重要影響力。而我國機械業者與日本買主建立長期合作關係，技術、供應鏈互補性高，在中美貿易紛爭及全球景氣趨緩下，轉型升級成智慧製造的生產形式是必然趨勢！

6 月的日本工業展主要特色在於針對業界專業人士提供縮短研發週期、提高生產力、提高品質、價值分析 / 價值工程和降低成本等解決方案的展覽會，按照產品類別分爲 10 個專業展覽會。

11 月的日本東京國際工具機展以「尖端製造的現在和未來：工具機與智慧工廠」為主題，全球 22 個國家、日本參展廠商達 1816 家。因應 3D 將逐漸成為未來市場趨勢，主辦單位今年新增先進製程與積層製造專區，展示金屬加工最新的技術與趨勢，報名的各家廠商皆展出各式主要設備和零件。

會展中,與生堯砥研長期合作的日本研磨廠商「TEIKEN 鐵肯株式會社」,藉由自豪的「獨家氣孔技術」開發並展出許多令人驚豔的產品,如 PT MAGANUM、BK SYNERGY 等相關研磨砂輪,在專業領域上得到極高的評價!

近年來受極端氣候、環境變遷與疫情影響,全球綠色科技議題越發成為顯學!TMTS 2024 就以「綠色智慧製造」作為展覽主題,預計推出對應的產品提供國際買主選購。

看好日本企業積極啟動數位轉型,同時,因應全球淨零碳排趨勢,使得「智慧製造」、「智慧工廠」、「綠色工具機」成為製造業關注的熱門議題。台灣國貿局「智慧機械海外推廣計畫」除了參與此次展會,設立形象攤位推廣我國智慧機械之外,展覽第二天也以「綠色科技的未來」為主題舉辦發表會,邀請各大企業分享解決方案。台灣駐日經濟文化代表處經濟組 林春壽 組長及日本工作機械輸入協會 勝又峰行 理事長開場致詞,包含台灣工具機暨零組件工業同業公會 陳伯佳 理事長、

TEIKEN
SYNERGY DRESSER
Synergy
A Crystal Wheel
テイケン
テイケン
テイケン
TEIKEN
TEIKEN
TEIKEN
RZS Dolce
RZC

臺灣機械工業同業公會 許文通 秘書長也到場支持。

此次發表會吸引日刊工業、生產財、扣件週刊、Tokyo big sight 媒體及重要買主等近 80 人到場參加。據參展廠商回饋,近期因日圓大幅貶值,造成臺灣產品出口日本競爭力衰退,開發新客戶難度大增,但會後問卷發現,日本客戶採購最重視整合解決方案的能力,再來才是功能和價格。

為了讓日本買主了解台灣機械的最新發展,JIMTOF 2022 也於本次展出同步推廣台灣兩大工具機展—台北國際工具機展 (TIMTOS) 及台灣國際工具機展 (TMTS)。2023 年 3 月 6 日至 11 日於南港展覽一館、二館及世貿一館盛大展出的 TIMTOS 2023,本次推出未來製造、尖端加工、積層製造新展區,呈現工具機「綠色節能」、「智慧聯網」、「彈性製造」及「數位模擬」的研發趨勢。近年來受極端氣候、環境變遷與疫情影響,全球綠色科技議題越發成為顯學!TMTS 2024 就以「綠色智慧製造」作為展覽主題,預計推出對應的產品提供國際買主選購。

「生堯砥研」相關企業「砥礪琢磨」也將在此次展覽中於世貿一館尖端加工區 D07010 設置展位,出動專業技術部門提供專人的研磨策略整合諮詢!歡迎各位磨友們到「砥礪琢磨」展區參觀與交流!為研磨產業一同精進,邁向綠色環保智慧經濟世代!

2023 年度展覽簡表

臺灣地區

時間	展覽名稱
03/06~03/11	2023 台北國際工具機展 (TIMTOS) 台北南港展覽館
04/20~04/23	台灣國際木工機械展 台北南港展覽館
05/17~05/20	高雄自動化工業展 高雄展覽館
08/23~08/26	台北模具暨智慧成型設備展 南港展覽館二館
09/01~09/04	自動化機械暨智慧製造展 CTMS(台中) 臺中國際展覽館
10/25~10/27	台北國際光電週 OPTICS & OPTO 台北南港展覽館

中國地區

時間	展覽名稱
02/23~02/26	**2023 年 DME 东莞国际机床展** 广东现代国际展览中心
03/29~04/01	**ITES 深圳工业展 -SIMM 深圳机械展** 深圳国际会展中心 (宝安)
04/10~04/15	**中国国际机床展览会 (CIMT)** 中國國際展覽中心 北京
07/05~07/08	**CME 上海国际机床展** 上海虹桥国家会展中心
07/05~07/08	**AMTS 上海国际汽车制造技术与装备及材料展览会** 上海新国际展览中心
09/01~09/05	**中國國際裝備製造業博覽會** 瀋陽國際展覽中心
11/27~11/30	**大灣區工業博覽會暨第 24 屆 DMP 展** 深圳国际会展中心 (新馆)
2024 年 6 月	**中国国际机床工具展览会** 北京 中国国际展览中心 (新馆)

研磨廠房
環境改善規劃

合興精密研磨廠 高廠長

圖文 / 砥礪琢磨 編輯部 林晏如

企業檔案

　　合興精密研磨廠座落於台南市安南區,由戴興男董事長創立於2004年。

　　目前的產品線包含:日製 CNC 電腦車床、無心研磨、外徑圓筒研磨、內徑搪孔為主。生產的產品類型多以外徑 22 以下、長 3 米的管狀或棒狀鋁、鐵、白鐵、銅材質。適用於各項汽 / 機 / 腳踏車、工具機精密零組件、氣 / 油壓元件 … 等高精密度要求零件加工。

　　近年來已擴增為二處廠房,個別負責生產不同的材質、製程,以求較完整的廠房規劃與管理。

由於交錯複雜的加工需求，研磨拋光較難導入自動化設備，高達 90% 的製程仍須仰賴人力進行研磨、拋光等工序，加上工作環境高溫多粉塵、噪音大，致使研磨拋光產業不僅不易招募新血，在老師傅逐漸凋零下，人員與技術都面臨無法傳承的窘境。

依據未來趨勢，產業必須走向自動化、智慧製造之路，不少業者開始導入機器人研磨拋光智慧產線，更重要的是，優化改善作業環境，確保員工的作業安全與健康更是刻不容緩。

在日本工廠對人員、機器、材料進行有效的 6S 管理前提之下，我們希望透過「合興精密研磨廠」做為台灣優化廠房環境的成功案例，為同業間分享「改善研磨工廠環境整體清潔，確保環境永續與員工健康」的經驗與成效，成為典範，持續優化與改善作業環境，克服缺工與技術斷層的困境。

• •

Q：高廠長您好，請簡單描述您在合興精密的工作經歷

我從 16 歲就跟在戴老闆身邊學藝，我們公司二十多年前從零件代工起家，都是專做機車、自行車管件研磨。後期老闆開始轉型 CNC 車床零件加工，專攻鋁製品。從研磨拋光起家，後期加入精密研磨、車床自動化加工。

戴董事長不惜成本提供員工進修，專攻鋁製品研磨加工。現在擁有二個廠區，我們這個本廠區員工大約 14 位。

二個工廠個別製造不同材質工件區分，方便製程管理，我們廠區都是製造、研磨為主，文書會計集中在總公司。

Q：請問合興是在什麼樣的契機或遇到什麼問題，而決定要改善工廠作業環境？

我們的廠房加工方式為濕式研磨，以前都是在大企業的科技廠才有抽風設備，所以廠房環境多都是粉塵、油氣重，油膩膩的，環境相對很不好！看到這種情況，我們戴老闆考量到員工身體健康，決定要投入環境改良。

因為機台隨時都需要調整，並不是固定配置，考慮到人員操作方便，以「抽風設備會不會造成現場操作人員不便利？」作為優先考量。以前每次抽風設備調整，都要依據每次加工結束後調整拆機，非常不方便，所以要做到抽風設備稍微移動一下，技師即可調整機台操作上才能有效率。

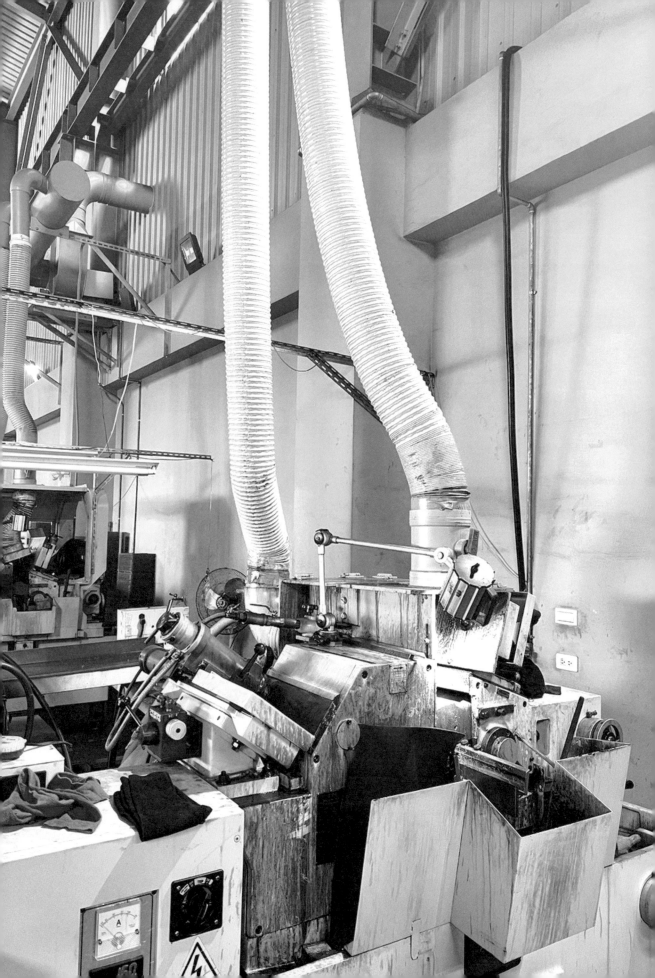

Q：為什麼不用大型抽風機台？

　　大型中央抽風機台非常吃電力，但機台有時候開啟的頻率不同，戴老闆考量到此原因，所以改良只做一對二的抽風機。一來開啟設備的頻率時間可以依據現場製作調整，節省電力。二來因抽風機集中對準單一機械，抽風效率更高。

Q：為什麼一定要解決這個問題？

　　工廠油氣減少，比較能保證員工健康，年輕人看到工作環境乾淨，也比較有意願加入。

　　氣味、粉塵、油氣過濾、工作安全各方面都有影響，對於環境污染也相對漸少許多。

Q：改善環境整潔，戴老闆最重視什麼呢？

因為採用濕式研磨製程，更要改善現場環境油氣殘留，油膩膩不好清潔的問題。

雖然粉塵已被研磨液壓入油箱，但只能透過抽風設備減少研磨液噴濺與油氣殘溜，研磨液也能透過抽風系統，集中、過濾、回收加以利用。

若沒有做抽風，整間油氣氣味就會很重，也殘留在廠房空間與牆面；現在有抽風系統，機台抽風隔離、過濾沉澱後，除了改善環境整潔，又能再將研磨液回收利用，程序也很簡單。

流程上就是製程中機台的抽風系統透過加壓馬達，將切削液油氣抽取、隔離，集中到後方回收槽沉澱後再次利用，節省成本也保護環境，減少污染。

環境整潔，年輕人的留職率就會增加，現在員工都是做 7 到 10 年了！戴董事長一直堅持改善抽風設備，也重視操作的方便性，不會因為要操作抽風設備而影響到原本的工作效能。針對這方面都持續與廠商討論改善至少 1~2 年的時間來實驗改善。

有抽風設備進駐，舒適的環境能有幫助栽培員工，精神上比較不容易疲勞、工作就能提升效率。例如，員工戴眼鏡，眼鏡鏡片就不會因油氣霧霧的影響視線，進行精密加工時，就能避免視覺不佳發生工安意外或工作瑕疵。

Q：前次來訪時，戴董事長提到之前的方式是用遮罩罩住機台，但操作 CNC 面板按鈕會不方便，那現在這狀況是不是已經改善呢？

現在我們廠區針對研磨機已經有改善，機台面板也都在外部，所以操作上已經沒有問題！

而且研磨廠是油氣最多、最難改善的，所以現在全部的廠區，先從研磨廠開始做起，不改善就是不行！

現在做到的抽風設備可以依據員工站的位置調整角度，不會是固定式的，效率不好。抽風管線可以個別調整靠近或調整位置，移動到最舒適的地方就好，都不會影響到原本的工作。如果要集中在機台上，那就針對機台位置本身；若製作較特殊的工件，需要師傅就近監看，也能將抽風管線距離師傅較近，很方便操作。

Q：之前改善過程失敗的問題是？

之前改善過程會失敗，大多都是發生拆除後再裝機，密合度就不好，所以針對這一點特別加強改良。以往操作複雜，員工無法完全依照標準流程造成誤差，而延緩工作效率。多方嘗試後，發現一對二的效果最好。尤其如果其中一台機台不開啟，也沒關係，可以變成一對一抽風，效果更好。單機回收還能降低切削液的使用量，之前沒有回收還要另外做廢棄物處理，成本更高。

Q：請問研磨後產生的粉塵細屑與切削液混合物，是否可以利用抽風過濾將這兩種物質分開呢？

研磨出現的鋁削與砂輪細屑會藉由切削液沉澱在機台內的副水箱，而油氣再透過抽風系統抽取使用。一開始就分開處理，這樣鋁削與油氣才能分開使用。

Q：那切削液經過過濾後沉澱再抽回，是否會降低效果呢？

回收後的切削液成分多少都有點損耗，所以回收後的提供給前製程：粗磨使用，全新的切削液則提供給後端精磨使用。

Q：機台的切削液與抽風系統的切削液分開回收嗎？

回收管線是採取分開的，但全部都會統一集中在廠後的集中槽沉澱過濾，再送回最前端製程粗磨機台使用。

Q：現在這種做法是否有限制使用哪一種特殊切削液種類嗎？

我們都是需要透過經驗與實際測試，配合廠商與砂輪調配出合適的切削油才能使用。如果更改機台砂輪，則當下的切削油就需要調整改變。

一開始戴老闆就將製程區分的很詳細，各步驟都要個別配合設定，生成的效果與速度才會良好。

Q：現場機台清潔是否也有影響？

現在有抽風設備，可以改善整體環境 80%~90% 的整潔，也讓單機的清潔變得比較輕鬆，減少清潔的困難度。

Q：抽風設備管線清潔如何處理？

單機抽風馬達抽取後送到主管線，主管線內設置螺旋式灑水裝置，所以抽風時同時採用渦漩水清潔，維持管線清潔，也讓回收的切削油品質穩定。同時一次做完，不需要另外花費時間、成本另外做管線清潔。雖然一開始開發測試成本較高，但後續就不用再做額外的個別處理。

Q：後續還想再進一步加強什麼？

整個改善過程除了花費 2 年多的研究測試時間之外，也花費相當多經費不斷實驗、失敗、改善，只要實測效果不夠好就重做！現在的成果都是大家有目共睹，認同環境真的改善很多！

雖然單獨機台現在已經沒有問題，但難免有些許油氣從隙縫外洩，我們戴老闆還在想如何能夠再更精進、做到更好？接下來就是希望要針對整體廠房的環境調整，讓效果可以提升更高。

目前想加強全廠整體的空氣流通性，更快速、更好，這方面都還在與廠商討論如何執行，希望能夠盡快有更好的成效與環境！

如何招募
青年人才
加入磨拋產業？

銓展精密工業有限公司
林郁翔 總經理

銓展精密聯合創辦人
1997 年投入精密機械製造至今二十餘年
2010 年與王、吳三人成立銓展精密立志
培養更多人從事精密研磨

圖文 / 砥礪琢磨 編輯部 林晏如

企業檔案

　　銓展精密成立於西元 **2000** 年，從 **2004** 年起以生產精密連接器模具成型研磨起家，為配合需求及掌握加工製程之精密技術，於 **2011** 年起朝一貫化製程發展，擴充精密加工設備與精密量測儀器，並提供 **CNC** 銑床、線切割與放電等服務，配合精密研磨技術，提供高品質的冲塑模具、治具、機構件、零件等加工服務與總體解決方案。

　　秉持誠信、品質、專業、創新、傳承的經營理念，以創新技術、堅持品質為原則，開發高精密及流行、市場性之產品，朝向策略聯盟，合作合併及共存共榮之體系。

因疫情停辦 2 年的台大校園徵才活動，終於在 2022 年 3 月初重新登場，多家企業擺開陣仗招募新血，釋出 2.5 萬名職缺，特別的是，傳產人才需求近 3 年也大幅成長超過七成，卻面臨找不到人的困境。

現今科技產業正夯，許多大學剛畢業的新鮮人會優先選擇較為熱門的科技產業投遞履歷，並不會對傳產行業多加青睞；而為了搶人才，不少科技業者腦筋動得快，早在校園內佈下天羅地網搶人，透過產學合作或獎學金方式，預先獵才。

台灣傳統產業面臨缺工情形已有多年，勞動人口配置面臨到員工年老、老師傅一身好功夫卻苦無後進新血傳承…等問題，雖然未來趨勢大抵指向 AI 智能化、自動化執行，但研磨工藝內涵諸多學問，仍有許多條件是無法以機械取代，如無年輕後輩願意傳承，亦會導致斷層。研磨產業如何應對與改善，成為業界需要探討的共同議題。

我們發現，銓展精密工業在公司員工的教育培訓與整體企業員工的年齡層相較於其他同業間都來的年輕！而且，在近年來缺工的影響中，員工的數量成長仍維持在正向成長！

到底銓展精密工業有什麼樣的特色與魔力，可以吸引、招募到青年人才加入到傳產工業中？就讓磨報小編來為各位訪談挖掘出其中詳情吧！

Q：請問林總經理，對於產業人口結構老化狀況，銓展是否也有遇到相關問題呢？

大約在 2011 年左右，我們發現業界的師傅們年紀漸大，而願意從事成型研磨的年輕人卻越來越少，問題幾乎已經惡化到即使我們已己經從事研磨行業將近 15 年了，還是市場上最年輕的師傅之一，當時我們評估可能五年，也就是 2016 年後情況會越來越嚴重。

另一方面是我們覺得當初師傅教給我們的技術，如果無法傳承下去的話，對於精密研磨這塊將會是一個很大的損失，既然沒看到有人願意做，那我們就試著努力看看。

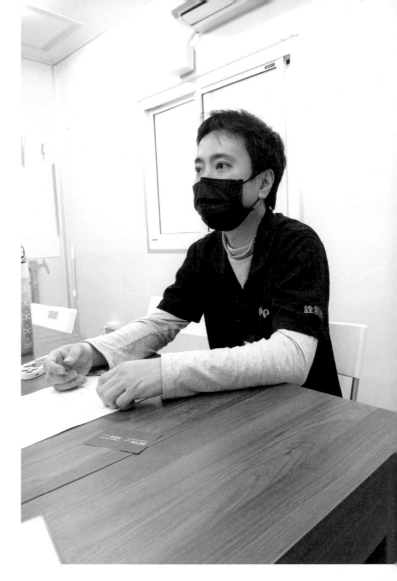

也由於及早準備，目前雖然因產能的擴充，也與同業間互相合作，尚可持續執行專案訂單，只是依舊缺乏好的人才；但整體而言，我們公司的人口結構還是處於青壯期，目前平均年齡約在 30 歲左右。

因為少子化關係，之後缺工會越來越嚴重！上一輩生 3 個以上，現在年輕一輩都只生一個。而教育制度 (升學體制) 導致大學畢業生、或更高學歷的新一代年輕人，並不是因為想讀書而去讀書，混學歷、等畢業的人很多，畢業後也沒有一技之長，去做服務生、作業員、便利商店、垃圾車之類，也不願意去從事例如：水電、加工業、汽修、營造 ... 等需要一技之長的工作，這些傳產技術恐都將無人傳承。

Q：之前嘗試過其他招募方式嗎？

我們除了求職網站、產學合作以外，尚有親友介紹與跟矯正署合作 ... 等做法。

Q：在人才招募方面，您的團隊最重視什麼？為什麼？

以「態度」為根本，並具備冒險與思考的心，專業技術則為輔。

建立負責任的工作態度，當然是新人養成的基礎，但只有這樣也僅能培有出一般人力，願意冒險接受挑戰的人，才有能力走向更遠；每次挑戰中反思不足之處，才有檢討改進的空間，三者兼具始能培養成材。

最重要的是「態度」，有遇到過沒有良好的態度的員工，例如：事情沒有做好也不會告知主管就下班，或者是東西沒做好就跟主管說不想加班，抱怨薪水福利不夠好（可是公司裡面也是有高薪的人員）

Q：銓展擁有年輕的人才團隊，對於招募年輕人才，是否有特別的想法與做法呢？

一、有系統的教學

二、工作環境的整潔改善

三、完善的學習、考試制度與完善薪資級距

我們應聘學徒的起薪並不算高，因為我們認為學徒就像海綿一樣，最開始的一兩年內，會大量的從零開始累積知識與技術，這段時間如果能依實際學習情況，即時調整薪資，讓新進同仁覺得努力會有即時回報，就好似年輕人喜歡的線上遊戲一樣經驗值到了就升級，而不是像老一輩說的學技術就是三年六個月…

在銓展的學徒，有人兩年之間陸續調薪幅度達 2 萬，也有人只調整 2 千，很多公司會說依能力調薪，我們正努力讓這句話不只是口號！

四、與教育體系完整的合作，提供實習機會教學相長

此外，我們都有跟學校老師密切配合，有不錯的學生老師會先幫我們推薦過來，或者去學校招募，還有一點我們公司比較特別的，我們跟當地戒治所有合作，會去監所挑選表現不錯的同學來公司監外上班。

但即使如此，薪水調整很快的那位員工後來也是離職，他給我們的原因是想去外面試試不同的工作(想找一份自己有興趣的工作，問題是一個工作做 20~30 年也會變得沒有興趣，所以雖然員工有工作態度，但員工心理若沒有想長期在這邊也是一個要考量的問題。)

Q：在招募新血與培訓過程中，是否有經歷那些困難？

在學徒的培訓上，我相信每一間公司都遇到各自不一樣的困難，畢竟一樣米養百樣人，很難用同一套標準就能培養出一群一樣的人。例如，有經驗的老師傅不好調整原有的工作習慣或無法進一步要求精緻度品質，反而沒有經驗的新人比較好培訓教育。總結來講我們認為較常發生以下問題：

◆人的部分：

一、職場速食化：每個人都希望快速看到成果，剛播種就希望看到豐收，常常撐不到收成的那一刻。

二、技職學店化：學校為了學生改變了原有的教有方式刻。

三、家庭教育影響：少子化，生活較為優渥，承受耐壓度降低。

四、對未來沒有規劃，或者是說對未來沒有希望。

◆企業的部分：

一、給的學徒起薪 (基本工資) 太低，一開始難吸引到人才。

二、給學徒的起薪較高，卻找不到合適的人才。

三、台灣長期追求 cost down、削價競爭與不尊重技術人才的結果，最後反映在員工身上，當一個產業沒前途，怎能吸引年輕人的加人。

Q：對於招募或留住年輕人才，目前是否還想再進一步加強什麼？

我們嘗試過班級制的教學時期，也經歷過師徒制的教育訓練，培養出優秀的師傅，也離開過許多忿忿不平的年輕人。成立培訓中心時期，我們請一位資深師傅專職開班半年培訓新進人員，但效果有限，且也影響現場人力配置。後來更改方式為，配合交期不趕的專案，實際培訓操作，當場把關品質，再交由品管部二次複檢，完整培訓的方式。

直至現在也還不斷地調整改善培訓計畫中，目標是企業員工數擴張到 50 人左右，配合半自動化的機台引進，讓產線效能提高，依據大小專案執行訂製或量產。

公司成立之初即設置福委會，提供員工更好的福利與人際交流。綜觀過往，我們第一要加強的是，如何找到合適的人上船。第二要加強的是，改善獲利能力，讓相信我們的年輕人們，能夠獲得超越同儕的待遇。

Q：對於其他同業或傳產，有沒有建議的項目要呼籲或叮嚀？

　　時代的變化、產業的興替與少子化正在發生；新興的工作五花八門，讓年輕人有更多選擇，我們應該思考為何年輕人要來你公司上班？你又能給他什麼前途？如果大家都選擇削價競爭，把技術當廉價手工販賣，年輕人又能期望你能給他什麼未來。

　　想跟同業說的話：別互相銷價競爭！這樣會導致技術業變成家庭手工價格，沒有給好的薪水就不會有人學習，會導致人才招募更困難，20~30 年前做加工業薪資是其他不同，行業薪水是較高的，所以那時候我們做加工業，不僅是看好後續技術學起來加薪幅度，其他獎金都會有不錯的水準，可是現在同業銷價競爭，導致起薪只能用基本工資或者比基本工資再高一點點的薪水去聘請員工 ...(當初教我們的師傅年薪在 25 年前有 200 萬，如果在現在這時代算法，薪水可能只有 100 萬左右了。)

提升 無心研磨
品質與精度的關鍵

調整輪 — Regulating wheel

作者 / 株式會社大和製砥所

關於調整輪

在無心研磨所使用的工件回轉進料輥,是目前橡膠結合劑砂輪的原型,離現在並沒有那麼遙遠。

無心研磨屬於外圓研磨的一種,原本在 1850 年代就曾以各種形式試著開發過,但因為研削砂輪性能不夠,皆以失敗告終。

到了 1890 年代,自行車被發明,於是隨著軸承的需求,無心研磨機的開發也跟著加速了。

另外,說到研削砂輪,先是以陶瓷砂輪於 1842 年在美國登場,1898 年則開始人造 A 磨粒的開發及製造,到了 1920 年已可供應良好的研削砂輪了。而在自行車的發明過後的 30 年,1922 年美國的 Cincinnati 公司也開始銷售第一個無心研磨機了。那時候,調整輪還是鑄件…

敝司於 1958 年開始製造銷售橡膠結合劑切斷砂輪,在 1972 年則發揮此技術,開始製造銷售目前的橡膠結合劑調整輪

日本國內的主要調整輪廠商:Kure、Noritake、大和製砥。

調整輪種類

關於無心研磨,能回轉工件、可以做到輸送的素材都可以是調整輪。實際上,鑄件、銅、尿烷和各種橡膠的滾輪,在特殊的研削條件下皆可作為調整輪使用。但,在實務上絕大多數使用的,還是含有 A 磨粒的橡膠結合劑調整輪。

在特殊用途上,加工核發電用的冷卻細管是使用樹脂結合劑,但陶瓷角棒的圓形研削則是使用尿烷橡膠作為調整輪。

從前,橡膠結合劑調整輪的規格為 A 80 L R,現在最標準的規格為 A 150 R R,或 A 220 R R。

希望大家了解上述規格表示的意思,以及更具體的調整輪的種類和製造方法。

調整輪的特徵

◆在調整輪砂輪中特別指出的是，於許多研削砂輪當中，只有調整輪跟工件直接的加工和研削無關。頂多就是將工件回轉以及控制輸送的功能而已。

◆定期用單石修整器或 rotary 修整器修整外周後來使用。靠調整輪的修整狀態 (表面的性狀) 發揮各種功能和能力。可以說隨著調整輪修整的狀態，性能也會跟著變化。

◆雖說作為一般砂輪來看，調整輪耐久期間非常長，但也因如此，要從無心研磨機將它拆下而遇到困難的案例很多。

◆調整輪很重。陶瓷砂輪比重約 2，橡膠調整輪比重約 4。尺寸一樣的話，雖然是鐵約一半的重量，但比鋁重很多。因此操作調整輪要十分注意。

關於調整輪的規格

■ 磨粒

　　是研磨材料的意思，A 表示 ALUNDUM 磨粒。主要成份為 95% 以上的氧化鋁，是使用在調整輪上的最具代表性的磨粒。AZ 就是氧化鋁氧化鋯磨粒，請參考資料 2 及 3，A 磨粒和 AZ 磨粒的 500 倍放大照片。

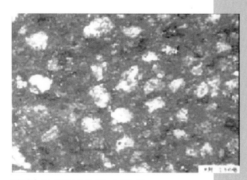

資料 2. 表面凸出大且多

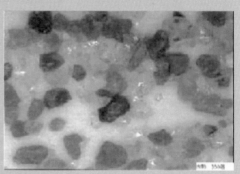

資料 3. 磨料量多且大又圓

■ 結合度

　　示調整輪硬度。越靠近 Z 越硬。R 是指用洛氏硬度計表示 RH80 數值的意思。這邊要注意的是一般砂輪越硬，砂輪本身消耗越小，但調整輪越硬 (數值高)，消耗則會變大。讓調整輪變硬，彈性則變小，也表示橡膠結合劑變少了。

　　因此，很多使用者會產生誤會。為了要提升調整輪耐久性，而向我們表示要更硬的調整輪。我認為這正是調整輪難以理解之處。

■ 結合劑

　　是指把磨粒凝固成型的膠水。R 是 RUBBER 的記號。另外，RESIN 的話，R 部分跟橡膠 (RUBBER) 重複，因此以 B (BAKELITE) 來表示。

■ 形狀

　　1A 表示 1 號平型 (沒有凹的直型)。調整輪的代表形狀為 5A 和 7A，請參考本文最後的敝司型錄。

　　研削砂輪的形狀和尺寸記載在 JIS R 6211。調整輪的尺寸以外徑 x 砂輪厚度 x 孔徑來表示。尺寸單位都是 mm(毫米)。

■ 粒度

　　是指磨粒一顆的大小。一般在數字後面會加上號來稱呼。記號為 #，#150 (一百五十號)。

　　調整輪的粒度一般是以 80 號～ 220 號為製造範圍。因為 1998 年的 JIS 改正，如今已經廢止 #，改為使用 F，粒度以「F150」來表示了。但這樣的說法仍不太普及。

關於調整輪的檢查票

產品號碼:能判斷規格,尺寸和客戶名。

製造號碼:可以了解產品履歷 (什麼時候,誰在什麼條件製造)。

有效期限:雖說過了有效期限也質量不會馬上劣化,還請在有效期間內使用。

修整調整輪的認知和注意點

　　修整調整輪是維持加工工件的精度的不可或缺的工作。修整一般用單石鑽石,FORMING 修整器,旋轉修整器來做。

調整輪的製造方法

　　調整輪不管尺寸大小,基本上都是一個一個地製作。因此,根據訂單數量,一個一個地沖壓,若調整輪厚度不到 50mm,則從原石切削加工。調整輪的最後加工用則鑽石燒結體和 IMPLI 修整器。大部分的加工都是車床加工。

　　製造過程中的配合、混煉、燒成決定調整輪的物理性質。

調整輪的製造方法

原料秤量
↓
沙漏容器　　兩種混合橡膠基材和磨粒。
↓
定位　　再次將兩種基材充分混合均勻。
↓
壓制切割　　將板材從模板中取出,堆放在模具內並進行壓制。(原型)
↓
硫化燒製　　生模通過加熱烘烤硬化。(130° C 到 150° C,分 3 個步驟烘烤。)
↓
加工　　外型修整內圓周、外圓周和兩端面。特別注意內圈的尺寸。

在 上 述 過 程 中 生 產 的 情 況 下 , 大 約 需 要 2 週 的 時 間 。

小認知！TIP！

關於無心研磨加工，若認為調整輪單單只是輸送工件的滾輪的話，那便是有了大誤解。可以說「能控制調整輪就能控制無心研磨」、「精通修整調整輪就能控制無心研磨」。

根據修整器的進刀量和送給速度，修整面的形狀也會有很大不同。良好的調整輪修整，並不是盡量把表面修得平坦就好。

① 被修整的使用面的狀態，會大大影響研磨成果，也會影響工件的滑動和震動。

② 根據單石修整器的切削力，修整狀態會變化。管理工具很重要。修整器的種類和粒度也是要點。單石修整器也會磨耗。

③ 請注意冷卻液的噴出量。修整也是一樣，吐出的油量，被噴的位置和角度會讓研削效果變化。

④ 安裝調整輪的時候，把潤滑脂放在孔徑部分太久的話，調整輪會無法從主軸取下。

⑤ 請注意研削音和加工音。只要有一點異常，聲音就會變化。正常的加工音很輕快，若有異常，便會發生鈍音和震動。請注意正常的研削音。

⑥ 也不能輕視冷卻液的種類和狀態。油也不是好應付的。水溶性研削液，特別在濃度管理和狀態管理 (腐敗等) 上很困難。請經常觀察。

結論

在無心研磨加工上，研削砂輪、托板、調整輪的修整等，對工件來說，若加工條件不一致，就會產生各種麻煩及衍生各種成本。

對製造業來說，材料費及時間成本是非常關鍵的問題，因此，熟悉調整輪的特性及修整技巧，將機器保持在最好的狀態，是非常重要的事。

拋光輪加工
在表面處理上的應用

作者 / 日本 **I-TEC** 株式會社

研磨的重要定位

在金屬加工中,研磨是不可缺少的一環。無論是材料加工、加壓、鑄造、壓鑄、機械加工、車床、銑削、彎曲、焊接之前,都需要經過研磨的步驟,才能再進行表面處理(電鍍、塗裝、陽極氧化處理、塗料)。

因此,在各種需要機械零件的產品組裝之中,研磨扮演著非常重要的角色。

研磨的種類

而在研磨中，又分成三種大類。分別是固結式磨粒研磨、游離式磨料研磨、化學研磨。

固結式磨粒：

包括磨削、珩磨、超精加工、砂帶磨削和膠帶磨削。固定磨料加工是相對於游離式磨料加工而言的，它在高速和高壓下實現了高效率，產生的加工表面具有良好的清潔性。然而，完成的表面粗糙度較差。其中砂輪、砂紙、研磨帶、研磨刷加工、折葉磨輪、滾筒研磨等都屬於此類。

游離式磨料研磨：

在廣泛的意義上，包括超聲波加工、噴射加工、拋光輪和滾筒加工。游離式磨料研磨與固結式磨粒研磨特性正好相反，可以獲得極佳的表面粗糙度，但若使用的載體較軟，精度會被破壞。

化學研磨（也稱化學拋光）：

則是將零件用浸漬加溫的方式，將微觀表面的凸起部位通過化學腐蝕的作用首先溶解消除掉，與原來相比，表面凹凸差變小從而使之表面更趨於平滑的過程。化學拋光跟電解拋光都屬於此類。

而經過加工的表面，其粗糙度也有所不同，詳見下圖。

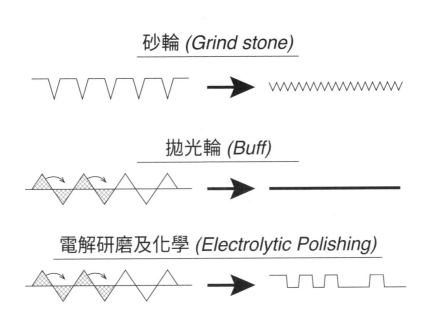

砂輪 (Grind stone)

拋光輪 (Buff)

電解研磨及化學 (Electrolytic Polishing)

拋光輪加工介紹

在上圖中，可以看見以拋光輪加工後的表面是最平滑的，因此也經常應用在各種金屬製品的表面加工。

其中拋光輪所使用的材料，是產自墨西哥跟非洲的劍麻，以及嫘縈、氈，而織法也分為平織跟綾織。

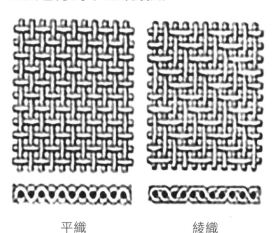

平織　　　　綾織

拋光輪又分為薔薇拋光輪及偏斜拋光輪，在化學處理上，則使用化學膠水跟樹脂來增加硬度，強化研磨劑的保持力和持久力。

研磨劑種類

在研磨劑的種類上，則分為固形研磨劑及液狀研磨劑。固形研磨劑的供給裝置較複雜，而液狀研磨劑的供給裝置較簡單，但飛濺較多會弄髒機械，比較難洗淨。

在研磨劑的成分中，油脂含了18～22%，其中油脂又分為動植物脂肪酸、植物油以及礦物油。動植物脂肪酸的來源是牛、山茶花、魚，植物油則是松脂、椰子油，礦物油則是石蠟。

磨粒種類及硬度

至於磨粒種類及硬度，可以參考以下表格：

磨粒種類	化學式	莫氏硬度
鑽石	C	10
氧化鋁	Ai_2O_3	8~9
氧化鉻	Cr_2o_3	6~7
氧化矽	SiO_2	7
金剛砂	$Al_2O_3+SiO_2$	7~9
矽酸鋁	Fe_2O_3	6
參考		莫氏硬度
指甲		2.5
銼刀		7.5

拋光輪的研磨條件

在拋光輪的研磨條件中，表面速度標準為 2500m/min，方向性則分為橫切及循環搖動。示意如下圖。

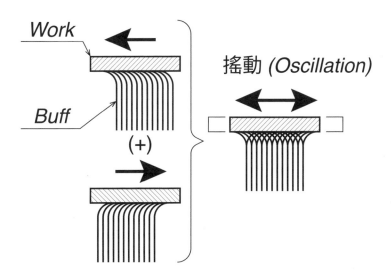

研磨方向如下圖。

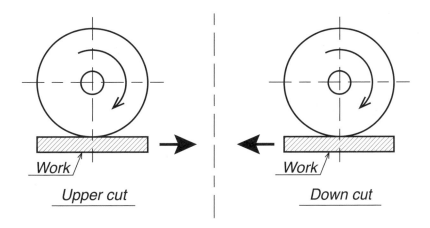

隨著上切下切的不同，作用力方向也會有所不同。工件進料速度也都落在 10mm ～ 200mm/ 間。

在加壓壓力下，所呈現的結果也有所不同。

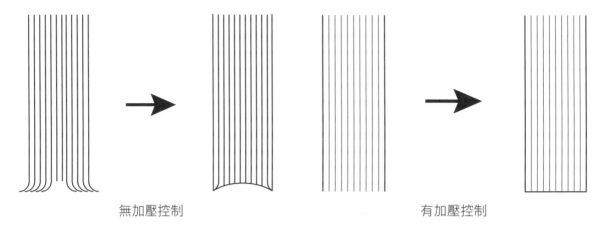

無加壓控制　　　　　　　　　　有加壓控制

理想的拋光輪表面如下圖。最好要擁有如鋸齒般的塊狀物形狀。

劍麻拋光輪

棉製偏斜拋光輪

研磨清潔該如何進行？

經過拋光輪研磨後，結晶也有所變質，橫切面結晶紋理如下：

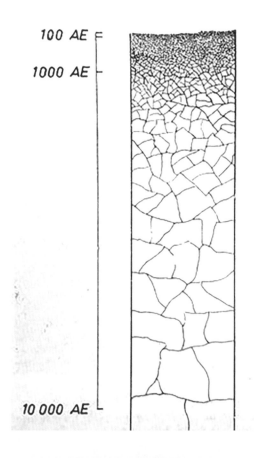

由於研磨過程中產生的應力和熱量，表面將會成為一個緻密層。材料緻密性高，特性才能較好的發揮，對後續的加工來說也能更加順利。

結語

美麗的鏡面光澤，並不是來自素材本身，而是拋光輪打磨過後的成果。使用拋光輪加工素材，不僅能增加光澤，還能減少摩擦，使表面光滑，減少漫射。在眾多的表面處理方法中，將拋光輪打磨使用在最後一道工序中，是最適合的。

修整器的
選用及設定

作者 / 生堯砥研 技術部 謝堯宇

修砂的意義

砂輪的修整是指用修整工具將砂輪修整成形或修去鈍的表層,以恢復工作面的磨削性能和正確幾何形狀的過程,當砂輪研磨時出現震動、噪音、打滑的現象,或是研磨後工件產生燒傷,尺寸精度下降等狀況,就需對砂輪進行修整。

若不進行修整而強行磨削,可能在工件表面出現刮傷及凹點,而修整不正確,容易使砂輪表面殘留碎屑,磨粒碎屑掉下後被拖行,就會壓傷工件,產生刮傷,所以當研磨進刀量及其他參數都在合理範圍內,卻發現研磨出現異常狀況,就要注意是否在修砂的地方出現問題,常見的修砂問題有以下幾項:

修整常見問題

第一種是修整參數不對，一般修整參數的設定會與研磨時有些許不同，若完全使用研磨的數據去做修整，對修整的效果並不好，砂輪的轉速太快，磨粒還未被完全修除就離開修整器，修整效果降低，建議若是粗磨時，砂輪轉速降低到一半以下做修整，可以完整對每一顆磨料進行修除，使磨料重新露出並保持鋒利，表面粗糙切削力強，對於追求效率的粗磨較有利，若是精磨，則會建議稍微提高轉速，砂輪表面修整後會更加平整細緻，精研磨表面精度才能提高，除了轉速以外，修整器的移動速度也會影響，越快效率越好但砂輪表面粗糙，反之則效率降低表面細緻，依據精度的需求，這些條件都需注重，會影響修整的效果，間接影響研磨的結果。

第二種是進刀量的調整，以鑽石筆來說，移動速度是手輪控制，進刀量過大或過小都會讓修整效果大打折扣，過大會讓砂輪表面不平整，進而使研磨時掉砂速度加快，造成刮傷、壓傷的問題，過小則會讓修整效果不明顯，增加研磨時發熱燒傷的風險。

第三種可能是沒有做修銳，修砂分為修正及修銳，這兩件大多數人會認為是同一件事，但其實不然，修正主要是處理砂輪的形狀或輪廓，砂輪在使用一段時間後會失去原有的真圓度及形狀，透過修正的動作來讓砂輪外形回歸原本的形狀，而修銳是透過修整，清除砂輪表面殘留的碎屑，使砂輪露出新的磨料，以達到鋒利的效果，若使用如滾輪修整器這類由砂輪對砂輪的修整器，後續修整完沒有修銳，會讓研磨砂輪與修整器砂輪間的結合劑產生沾黏，不只碎屑無法清除，在研磨時因為離心力大有較大的機率發生掉砂刮傷工件的狀況。

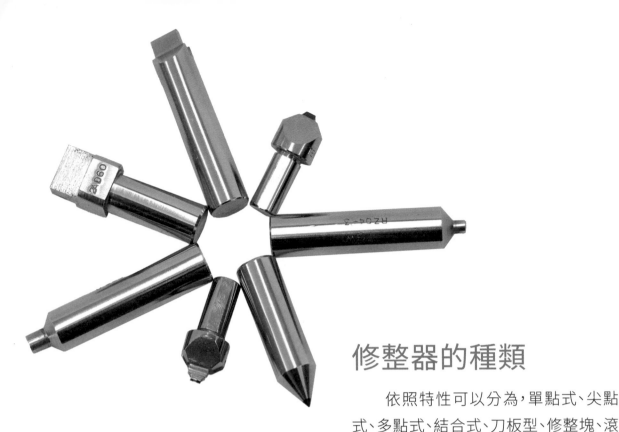

修整器的種類

依照特性可以分為，單點式、尖點式、多點式、結合式、刀板型、修整塊、滾輪式修整器。

■ 單點式

從字面上可以看出，修整的方式是採用單點修整，將單顆鑽石焊接於修整器尖端對砂輪進行修整，單點式的特點是修整完的砂輪較為鋒利，移除量大，適用於簡單的幾何形狀，如平直形、錐形或凸形的砂輪，在表面研磨的應用中非常常見，通常單點式的柄直徑為 7/16 或 3/8 英吋，還有要注意單點式修整器有磨耗方向的問題，如果一直使用同一個方向修整，鑽石會磨鈍，降低修整效果，所以每天使用前修整器應該旋轉 1/8 以延長使用壽命，安裝方式會裝置在治具上並斜 45度角進行修整。

修整條件的設定

修整條件的設定概念是依據需要的表面與砂輪的磨粒大小去做調整及計算，進刀量基本會與磨削時相同，若是磨削需要的表面較精細，一般來說我們的修整器移動速度會放慢，轉速加快，讓每顆磨料都能做到精細的修整，反之需要的表面較粗，修整器移動速度加快，轉速放慢，讓磨料更快露出，表面更鋒利。

不只是修整參數的調整，不同樣式的修整器對應適合的砂輪也不同，所以修整器的挑選也是極為重要的一環，以下為大家做常見的幾種修整器的介紹。

■ 尖點式

又稱為錐點式修整器，外型特徵相近於原子筆，前端比單點式更尖銳，利用更高質量的 CVD 合成鑽石，以真空焊接技術來固定鑽石防止脫落，適合用於複雜的幾何形狀，或裝置於 CNC 機台，因為尖點式需要更穩定的做動來完全發揮修整效果，且會用到 CNC 研磨較多都是複雜形狀，如研磨螺紋的砂輪，砂輪研磨面會加工成螺紋狀以貼合研磨工件，通常尖點式修整器是為了特殊需要而設計，前端尖角的角度會根據零件需求做訂製，但也有常見的角度，具有精確的研磨半徑和修整效果，建議使用應定期旋轉180 度以延長使用壽命，安裝方式與單點式相同，斜 45 度角進行修整。

■ 多點式、結合式

這兩種修整器使用概念相同，多點式修整器內含多顆鑽石，結合式除了多顆鑽石外還含有鑽石碎粒，增加修整切削力，使用造粒方法製造，使鑽石分佈均勻、整齊一致，前端鑽石有多種粒度和密度可供選擇，由於鑽石接觸面積大，因此修整速度較快，多用於大直徑砂輪或盤形砂輪的修整，安裝方式要讓修整器的面垂直於砂輪中心線，與輪面形成直角，而柄需要傾斜角度進行修整，需要特別注意若是新的修整器，需要先磨 3-5 次，約磨掉0.15mm，才能露出鑽石的部分使用。

■ 刀板型

外形類似刀板，扁平的形狀，均勻的橫截面可以使修整器在使用過程中維持一致的壽命，通常可以按照客戶需求客製，也有常用規格，但缺點是會受制於鑽石的位置，多用在具有複雜形狀的大型砂輪，修整陶瓷砂輪效果最好，如有需要也可以使用在 CBN 及鑽石砂輪的修整。

■ 修整塊

一般用於平面磨床或 CNC 磨床，大部分外形都是方塊狀，修整時不需人力去做進刀調整，與研磨一般工件時一樣，吸附於床台直接對砂輪做修整，調整好參數即可，使用簡單，常見的材質

有碳化矽、不鏽鋼等，砂輪可以得到較高真圓度及表面平整，缺點是用途比較偏限，僅適用在平面磨床，且修整器表面會因為砂輪狀況不同，出現表面凹凸不平的狀況。

■ 滾輪式修整器

主要以兩顆小砂輪對研磨砂輪做修整，使用兩顆砂輪的側面同時修整砂輪，前後移動需靠手輪控制，修整後的砂輪真圓度、表面精度較高，可以提升工作品質，延長砂輪壽命，但與修整塊的缺點相同，基本上是用於平面磨床機械或 CNC 磨床，且修整結束後會需要用修銳條再做修銳的動作，才能使砂輪達到鋒利的效果。

修整器選用標準

前面介紹完多種的修整器,究竟應該如何選擇適合的修整器呢,主要要從幾個面向做考量

1. 使用的砂輪尺寸及結合劑、磨料的類型:

將砂輪修整,就好像在石頭表面上形成形狀,必須選用比砂輪材質硬度更高的材質才能達到修整效果,目前所知鑽石是硬度最高的材料,所以很常用來作為修整的工具,了解砂輪的尺寸、結合劑、磨料類型能有助於確定鑽石的克拉數,即使鑽石硬度較高也會有磨耗的出現,若是砂輪厚度較厚,外徑比較大,或是使用較特殊的磨料如陶瓷磨料等,這樣的狀況也會建議使用的鑽石克拉數要大一些,以達到完整的修整效果。

砂輪外徑	建議最小鑽石尺寸
8 吋以下 (≦ 203mm)	1/8 克拉
9-12 吋 (204-304mm)	1/4 克拉
13-20 吋 (305-508mm)	1/3 克拉
21-29 吋 (509-736mm)	1/2 克拉
30-36 吋 (737-914mm)	3/4 克拉
37 吋以上 (≧ 915mm)	1+ 克拉
厚度大於 6 吋	鑽石尺寸再加大

砂輪外徑與鑽石克拉數參考表

2. 砂輪需要的形狀及輪廓：

一般的固定工具可以很簡單，只要有金屬底座加上金屬棒，鑽石即可完成一個修整器，也可以很複雜如成型研磨的砂輪，每種砂輪都有其合適的修整器，了解砂輪的外觀形狀及用途可以更精確的選擇修整器。

簡易型	簡易圓弧型	複雜複合型
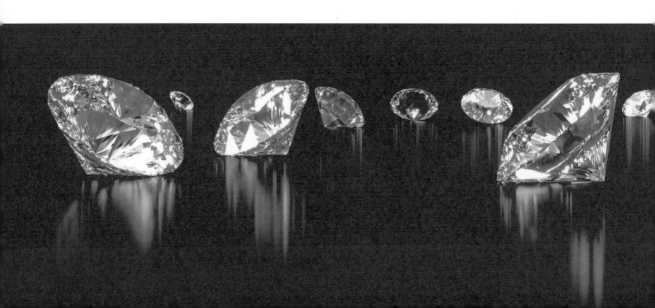		
單點式修整器	單點式修整器	刀板式修整器
錐形修整器	錐形修整器	錐形修整器
刀板式修整器		
滾輪式修整器		
修整塊		

3. 鑽石的質量

鑽石質量會影響鑽石的價格和整體的壽命，理論上來說鑽石的質量越高，會擁有更長的壽命，標準主要以沒有雜質、裂痕、瑕疵為準，質量越高的鑽石尖點會更為準確。

CLOSE UP OF 1/2 CARAT "AA" QUALITY DIAMONDS

CLOSE UP OF 1/2 CARAT "A" QUALITY DIAMONDS

CLOSE UP OF 1/2 CARAT "B" QUALITY DIAMONDS

鑽石純度分級

若能選用到 AA 級鑽石，進行修整的效果及修整器的壽命會更好，但價格會較高，若是選擇價格較為低廉的 D 級鑽石，那可能壽命只有使用幾次就丟棄了，所以鑽石的挑選也要依據成本及使用頻率做考量。

4. 其他

除了以上所述，機台也是需要考量的點，會影響到工具的規格，如柄的樣式和長度、規格，以及鑽石的半徑尖點等等，可以考量過後如有需要再做特殊訂製。

結論

修整工具比起砂輪更容易使人忽略，大部分都只注重在砂輪磨料、規格、結合劑的選擇，卻會忽略修整的重要性，就算購買再好的砂輪，如果修整沒有確實，那實際上砂輪能發揮的效果會大打折扣，研磨的砂輪就是從好到壞又由壞到好的過程，修整會決定這個循環的頻率，正確選擇修整器的樣式，才能達到更好的研磨效果，依據自身狀況選擇符合的修整器，才是正確的修整方式。

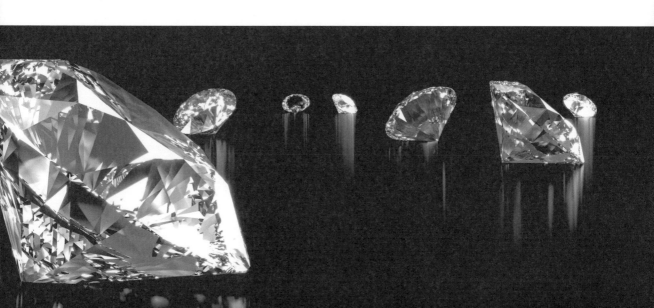

職人專欄

研削軟質金屬和複合材料的要點是什麼？

日本國寶級磨削講師 愛恭輔

◆ 日本磨料加工協會 顧問
◆ 日本先進科學 APTES 技術研究院 代表

對鋁、銅和黃銅等軟質金屬的研削加工並不常見，但在切割加工中，產品和表面品質容易因熱應力和機械應力變形，研削可用於改善這樣的狀況。

鋁及其合金被廣泛用於家用器具、電子產品以及飛機部件，這要歸功於它們的輕盈又堅韌的特性，以及由於表面的氧化膜而具有的抗鏽能力。銅和銅合金因其良好的導電性和導熱性、耐腐蝕性和可加工性，而活用於製造電子元件和精密微模具元件。根據添加劑的不同，銅合金有多種種類，其中最具代表性的是含有鋅的黃銅合金。

因為這些材料具有延展性，會形成 (圖 1) 流體狀碎屑。此外，由於它們與磨粒具有親和性，它們會黏附在磨粒的切削刃上，造成堵塞 (圖 2)。

堵塞會隨著時間的推移而增加，在早期就會出現顫動和振動，使研削無法進行。

雖使用 GC 砂輪進行研削，但使用多孔砂輪可以減少堵塞。在這種情況下，切削深度應小，研削時提供足夠的研削液是必要的。

但是，如果油劑的鹼性太強，鋁可能會變黑，銅和銅合金則會變綠。在銅合金中，也有因為硫基極壓添加劑而變黑的情況，所以管理油劑很重要。還有，研削後用清水徹底洗淨砂輪可以抑制變色。

用硬質的 PVA 砂輪進行研削，會比用陶瓷砂輪造成更多的砂輪磨損，但不會產生堵塞，而且可以進行良好的研削作業。使用這種砂輪時，最好避免給予砂輪過大負荷。

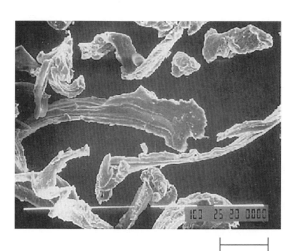

100μm

圖1　鋁材的研削碎屑

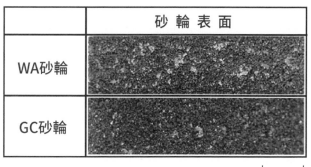

5mm

圖2　鋁材的研削砂輪表面

再來，在鋁材中，也有要研削混有
鑄鐵、鋼或陶瓷等堅硬素材的複合材
料的情況。如果混入的是金屬，則使用
GC 砂輪；如果是陶瓷，則使用鑽石砂
輪，但在硬質材料和鋁之間可能會有
段差，必須以較小的切削量來研削，但
對於平面上的加工來說，可以通過用
杯形砂輪進行正面研削來抑制段差。

在鋁材當中，有時候會加入陶瓷
硬纖維、短纖維、晶鬚和顆粒，以提高
機械強度和耐磨性的鋁基複合材料。
這種材料產生的碎屑 (圖 3)，可以在
沒有堵塞的情況下進行研削。所用的
砂輪可以是 GC 砂輪，但在正常情況
下用鑽石砂輪進行研削效果更好。

圖3　鋁基複合材料的研削碎屑

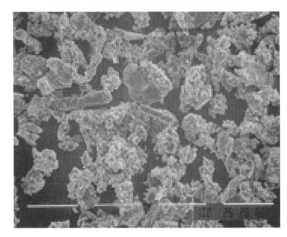

$\vdash\!\!\!-\!\!\!-\!\!\!\dashv$
100μm

第三代化合物

半導體材料
單晶碳化矽的未來

新式研磨／拋光加工技術

隨著半導體的發展，矽晶片已接近其理論上之物理極限，難以滿足現今社會對於高效能、耐高溫、高功率、微縮技術等需求。第三代半導體材料單晶碳化矽（single crystal silicon carbide, SiC）擁有寬能隙、較高的擊穿電場和導熱率、高化學穩定性等優勢（如表 1 所示），非常適合用於高溫及高頻 [1-2] 之使用環境，逐漸成為高功率元件、5G 網路、電動車等高價值產品的基本材料。由於單晶碳化矽的高硬度（9.3-9.4）、低韌性、耐酸蝕、缺損大及容易產生次表面損／刮痕，致使它成為一個難加工材料。另一個第三代半導體材料 - 氮化鎵（Gallium nitride, GaN）雖然也有良好的物理特性，但因氮化鎵與矽晶圓的晶格不匹配易生成差排缺陷、功率無法超過一千瓦特等問題必須克服，因此單晶碳化矽材料格外被重視及廣泛使用。本文將針對第三代化合物半導體材料 - 單晶碳化矽之創新研磨拋光加工技術進行整理，並提供未來市場初步的參考依據。

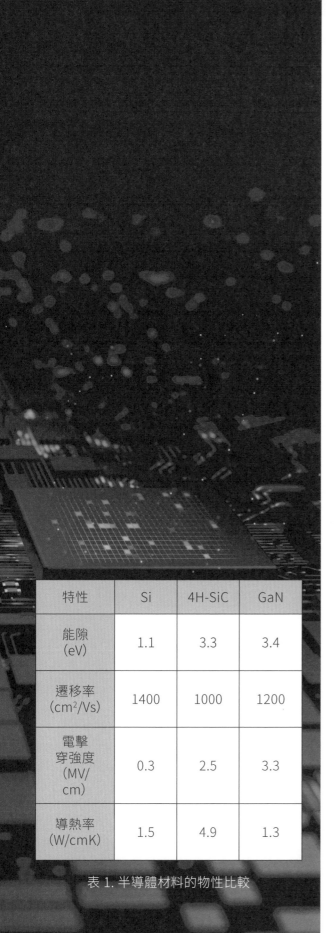

特性	Si	4H-SiC	GaN
能隙 (eV)	1.1	3.3	3.4
遷移率 (cm²/Vs)	1400	1000	1200
電擊 穿強度 (MV/ cm)	0.3	2.5	3.3
導熱率 (W/cmK)	1.5	4.9	1.3

表 1. 半導體材料的物性比較

**作者／國立勤益科技大學機械工程系
講座教授兼工學院院長 蔡明義**

研究領域以超音波輔助難切削材加工技術與策略、磨粒開發與應用技術、研磨拋光製程開發、智能化加工技術為主，實驗室主要是與國內廠商進行產學合作及技術開發與檢測服務為主。

半導體製造流程

　　半導體製造流程複雜且涵蓋眾多技術之流程（如圖 1.），其中主要包含四項流程切片（Slicing）、雙面研磨技術（Lapping）、磨削減薄技術（Grinding）及化學機械拋光（Chemical Mechanical Polishing, CMP）。

　　一般晶圓是由晶柱（Ingot）利用鋼琴線（線徑 100-200 μm）加入鑽石研磨液，切成指定厚度。由於在切片時，鋼琴線上的微小鑽石磨粒易造成晶圓表面刮痕，導致表面粗糙度極差且厚度較不均勻，此時利用雙面研磨去除晶圓的表面瑕疵並達到最佳平坦度。接者磨削減薄晶圓厚度，使其表面粗糙度（Ra）降至 1-3 nm。上述所有製程易於晶圓表面留下次表面損傷 [3]（Sub-surface damage），需經最後一道製程 CMP，將表面粗度降至 0.1-0.3 nm，以利後續晶圓製程（如磊晶或微影蝕刻）。

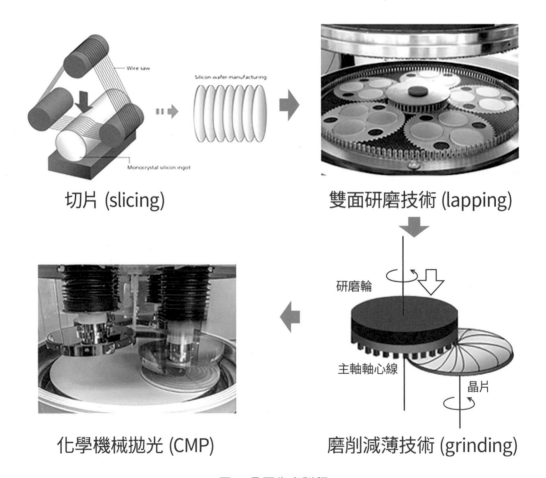

切片 (slicing)

雙面研磨技術 (lapping)

化學機械拋光 (CMP)

磨削減薄技術 (grinding)

圖 1. 晶圓生產製程

傳統矽基晶圓研磨 / 拋光工藝

矽晶圓研磨是利用鑽石砂輪在晶圓上高速磨削，達到快速減薄晶圓厚度，並大幅降低晶圓切片及雙面研磨製成所累加之表面瑕疵，其加工如圖 2 所示。

矽晶圓 CMP 是利用奈米磨料加入拋光液中，並搭配有客製化聚胺酯（Polyurethane, PU）拋光墊，微小磨料會流入拋光墊之間隙，經由上、下轉盤旋轉並利用微小磨料將晶圓表面拋光整平（如圖 3 所示）。

第三代半導體材料碳化矽，其硬度僅次於鑽石，傳統研磨 / 拋光加工方法無滿足業界需求。主要的原因是鑽石研磨輪造成的晶片表面缺陷與鑽石線類似，形成橫條切線紋、微裂痕、高缺陷區域，導致最後端化學機械拋光製程 (CMP) 採用 pH3 以下高錳酸鉀拋光液搭配硬質 PU 多孔拋光墊加工 2-4 小時之長時間製程。所以需要有新型加工方式來取代傳統加工。

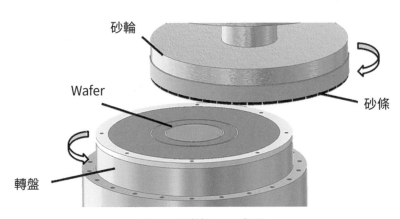

圖 2. 研磨加工示意圖

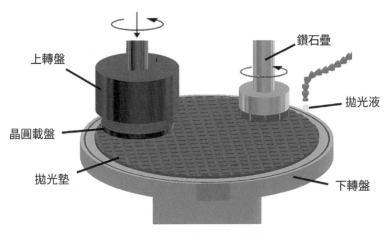

圖 3. CMP 加工示意圖

新型研磨工藝
非接觸放電輔助研磨 / 減薄技術

　　根據 2022 年 Guan 等學者 [4] 提出一種利用放電加工技術的晶圓研磨方法,並開發凹槽杯型的銅製砂輪來代替傳統使用的鑽石砂輪。銅製杯輪可作為電極,和晶圓同時旋轉,並施加電壓,於間隙處產生的脈衝微放電熱去除晶圓表面材料,實現非接觸磨削加工。

　　根據該文獻所述,此技術晶圓經研磨後,可達 Ra=1.2nm,並具有較高材料移除率(MRR=11.2 μm/min)。此外,晶圓次表面損傷大多由放電加工產生之熱損傷層與研磨裂紋組成,其損傷層總厚度為 4 μm,並在微放電精加工條件下,通過放電磨削(electrical discharge grinding, EDG)減薄,晶圓厚度可達 30 μm,其加工後晶圓表面形貌如圖 5、6 所示。

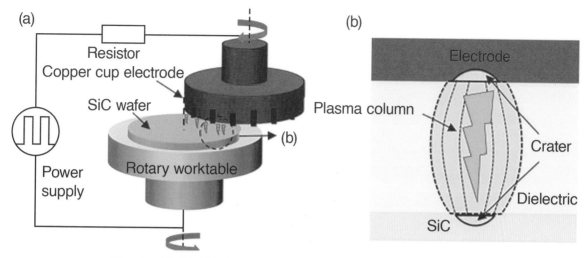

圖 4. 杯形銅製砂輪進行微放電加工的晶圓研磨 / 減薄技術示意圖 [4]

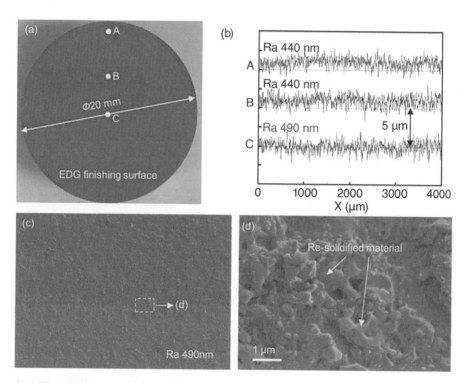

上 / 圖 5. 通過 EDG 精加工獲得碳化矽晶片。
(a) Φ20 mm 碳化矽晶片的照片
(b) 由尖端半徑為 2 μm 的錐形探針在三個不同位置測量的表面粗糙度 [4]

下 / 圖 6. 通過 EDG 精加工表面的微觀形態 [4]

軟磨料砂輪電化學輔助研磨

根據 2021 年 Chen 等學者 [5] 提出新的電化學噴射輔助研磨 (electrochemical jet-assisted grinding, EJAG) 技術,結合了燒結鑽石研磨棒和噴射電化學電解液,利用該電解液射流對 4H-SiC 工件進行陽極氧化,並生成軟化層,再使用柔性磨棒去除軟化層,該實驗裝置如圖 7 所示。

該裝置主要分為兩部分 - 電化學噴射系統和機械研磨兩個部分。通過控制電解液射流直徑、與噴射口的距離和施加電壓,來實現局部陽極氧化反應,使目標工件生成軟化層,接著使用含有燒結鑽石磨料的柔性磨棒進行磨削,使目標工件厚度達到所需。

根據該文獻所述,當移除深度超過氧化層厚度時,磨棒與 4H-SiC 工件將會直接接觸,磨棒上的鑽石磨料易產生晶粒斷裂,或磨棒樹脂結合劑易被去除,使得磨粒露出比提高,導致銳度提升,因此在磨削過程中,磨棒表面將不斷產生新的銳角,保持磨削的加工效益。此外,電解液以 35nm/s 的高速率噴射於碳化矽表面,使表面氧化形成厚度可達 300nm 的氧化層,並使用磨棒拋除後,Ra 可以達到 4.12 nm (如圖 8 所示),此時材料去除率可達 21.5μm/h,且晶圓表面上幾乎沒有刮痕,而且晶格不會變形。

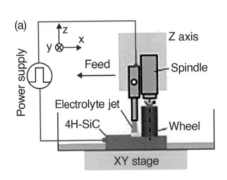

圖 7. 電化學噴射輔助研磨的示意圖 [5]

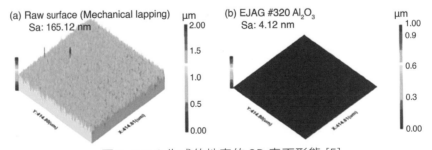

圖 8. EJAG 生成的地表的 3D 表面形態 [5]

新型拋光工藝

單晶碳化矽在化學機械拋光的研究現況,以氧化劑輔助、電化學、二體磨料與光催化輔助為主,在近幾年發展的有磁流、電漿、雷射與固定磨料作結合的化學機械拋光,藉以解決材料移除率不佳的問題,以下整理一些文獻。

雷射輔助拋光技術

根據 Long 等學者 [6] 提出雷射輔助拋光(如圖 9)為一種非接觸式加工且無污染和高效的預處理技術,飛秒雷射加工具有材料損傷更低、熱影響區更小等優點。

另外根據文獻 [7] 所述雷射拋光技術可與精密機械整合,可進行自動化生產。雷射拋光拋光技術,無需使用拋光工具、拋光磨粒及拋光液,可節省耗材及降低環境污染,提供無化學污染的拋光方法。藉由調變光束可改變聚焦光點大小,使其能進行微小或局部區域的拋光。傳統拋光流程需施加外力於拋光區域,以便磨除材料的突點,易使硬脆材料拋光產生破裂,雷射拋光屬非接觸拋光流程,可克服此類問題,所以適用於硬脆等難拋光材料。

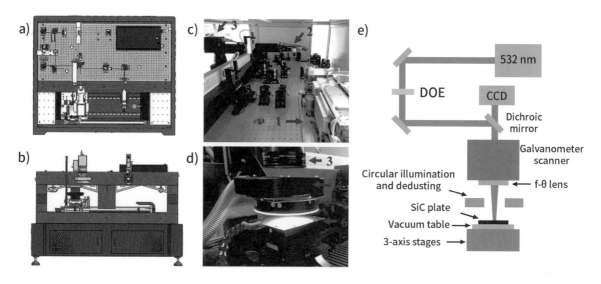

圖 9. 雷射系統。
(a, b) 定制處理系統的俯視圖和前視圖。
(c) 上平台圖片;1:雷射,2:同軸成像系統,3:配備 F-Theta 透鏡的振鏡掃描儀。
(d) 樣品架的照片;4:除塵系統圓形吸風口,5:圓形 LED 照明系統,6:吸樣真空板,7:三軸載物台。
(e) 處理系統示意圖 [6]

電化學機械拋光

根據 Zulkifle 等學者 [8] 提出一種電化學機械拋光技術（Electrochemical Mechanical Polishing ECMP），使用市售的固體聚合物電解質（Solid Polymer Electrolyte, SPE）[9-10] 並利用導電雙面膠貼附到不銹鋼拋光板上，使用直流電源連接旋轉連接器和碳刷 [11-12] 在碳化矽晶片（陽極）和拋光板（陰極）（如圖 10），與 SPE 表面接觸的碳化矽晶圓表面可以通過使用電化學系統進行電解氧化，生成的氧化層立即被拋光液中的二氧化鈰（CeO2）顆粒去除。

根據該文獻所述經由電化學輔助拋光，其材料移除率可以到達 9.2 μm/h，經由研磨 10 分鐘後，表面粗糙度（Sa） 可由 50 降到 1nm，研磨 30 分鐘後，表面粗糙度（Sa）可達 0.6nm（如圖 11），且表面無刮痕，並且過程中無需使用任何化學品，對環境較無害。

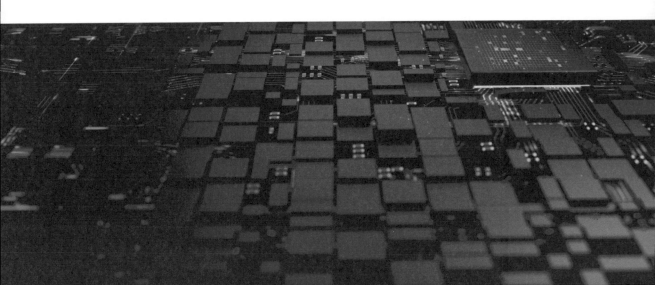

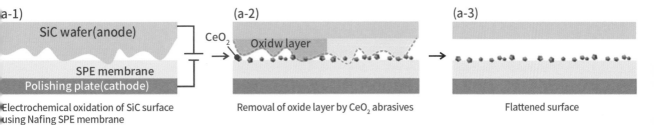

(a-1)

SiC wafer(anode)

SPE membrane

Polishing plate(cathode)

Electrochemical oxidation of SiC surface using Nafing SPE membrane

(a-2)

CeO₂

Oxidw layer

Removal of oxide layer by CeO₂ abrasives

(a-3)

Flattened surface

圖 10.
(a) 使用 SPE 在 ECMP 方法示意圖：
(a-1) 通過電解在 SiC 表面形成氧化膜，具有 SiC（陽極）/SPE/ 拋光板（陰極）的夾層結構。
(a-2) 通過供給到 SPE 膜的 CeO 2 顆粒除去生成的氧化層。
(a-3) 通過電化學氧化和氧化物去除的重複循環使碳化矽表面變平。

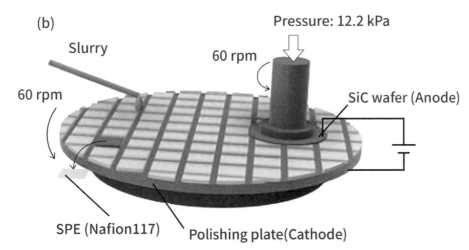

(b)

Slurry

Pressure: 12.2 kPa

60 rpm

60 rpm

SiC wafer (Anode)

SPE (Nafion117)

Polishing plate(Cathode)

圖 10. (b) ECMP 設置示意圖。
旋轉碳化矽晶片，使其與附著在拋光板上的 SPE 接觸 [8]

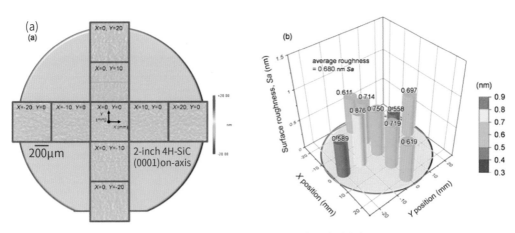

圖 11. ECMP 後的表面型態與表面粗糙度 [8]

大氣電漿輔助拋光

　　根據工研院提出的電漿複合式加工技術，利用傳統的 CMP 方式搭配大面積的大氣電漿輔助系統，使碳化矽晶圓表面軟化或解離成四氟化矽（SiF4）氣體離開晶圓表面（如圖 12 所示），徑而提升 CMP 的拋光速度。大氣電漿屬於乾式非接觸式拋光，不會產生廢液並且不會造成因物理接觸導致的表面損傷。

　　透過上載盤 98 顆電極尖點放電（如圖 13 所示），配合下轉盤轉動可達到均勻放電，並利用非柱狀的電極設計，使電漿容易被激發且被拘束於柱型結構的位置。

　　根據該文章所述經過大氣電漿輔助加工，將原拋光製程搭配大氣電漿的複合式加工，Ra 可以達到 0.5nm，此時材料移除率可達 3.06μm/h，並且可以同時進行一片至三片晶圓表面軟化與拋光。

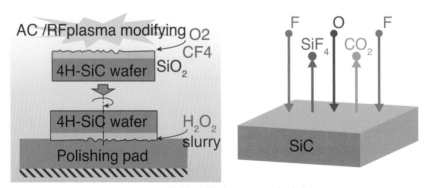

圖 12. 電漿輔助拋光主要反應機制

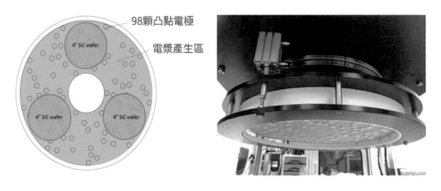

圖 13. 柱狀電極分佈及 4 吋晶片置示意圖 [13]

結論

　　由全球趨勢得知，第三代半導體材料的發展對於高科技、先進、軍事與節能產品習習相關影響極大。如今台灣半導體產業在全球擁有龍頭的地位，僅靠著矽晶圓而不是 GaN、SiC 等高功率材料，美國、歐洲、日本依舊主導著領先的關鍵技術。然而近幾年全球所需供不應求，當前二台 Tesla 電動車即需耗用一片六吋碳化矽晶圓。因此台灣半導體相關產業亦紛紛投入單晶碳化矽長晶、切割、研磨拋光製程，優化單晶碳化矽切割研磨拋光製程，掌握切磨拋製程的關鍵技術，藉以提升我國在半導體產業之領先地位。

參考文獻

1. Chen, J. T., Bergsten, J., Lu, J., Janzén, E., Thorsell, M., Hultman, & Kordina, O.（2018）. A GaN–SiC hybrid material for high-frequency and power electronics. Applied Physics Letters, 113（4）, 041605.

2. Phan, H. P., Dao, D. V., Nakamura, K., Dimitrijev, S., & Nguyen, N. T. （2015）. The piezoresistive effect of SiC for MEMS sensors at high temperatures: a review. Journal of Microelectromechanical systems, 24 （6）, 1663-1677.

3. Agarwal, S., & Rao, P. V.（2008）. Experimental investigation of surface/ subsurface damage formation and material removal mechanisms in SiC grinding. International Journal of Machine Tools and Manufacture, 48 （6）, 698-710.

4. Guan, J., & Zhao, Y.（2022）. Non-contact grinding/thinning of silicon carbide wafer by pure EDM using a rotary cup wheel electrode. Precision Engineering, 74, 209-223.

5. Chen, Z., Zhan, S., & Zhao, Y. （2021）. Electrochemical jet-assisted precision grinding of single-crystal SiC using soft abrasive wheel. International Journal of Mechanical Sciences, 195, 106239.

6. Long, J., Peng, Q., Chen, G., Zhang, Y., Xie, X., Pan, G., & Wang, X. （2021）. Centimeter-scale low-damage micromachining on single-crystal 4H–SiC substrates using a femtosecond laser with square-shaped Flat-Top focus spots. Ceramics International, 47（16）, 23134-23143.

7. 機械工業雜誌 - 雷射拋光製程發展及應用（2016）

8. Zulkifle, C. N. S. B. C., Hayama, K., & Murata, J.（2021）. High-efficiency wafer-scale finishing of 4H-SiC （0001） surface using chemical-free electrochemical mechanical method with a solid polymer electrolyte. Diamond and Related Materials, 120, 108700.

9. Umezaki, R., & Murata, J.（2021）. Electrochemical imprint lithography on Si surface using a patterned polymer electrolyte membrane. Materials Chemistry and Physics, 259, 124081.

10. Murata, J., Nishiguchi, Y., & Iwasaki, T.（2018）. Liquid electrolyte-free electrochemical oxidation of GaN surface using a solid polymer electrolyte toward electrochemical mechanical polishing. Electrochemistry Communications, 97, 110-113.

11. Murata, J., Yodogawa, K., & Ban, K.（2017）. Polishing-pad-free electrochemical mechanical polishing of single-crystalline SiC surfaces using polyurethane–CeO2 core–shell particles. International Journal of Machine Tools and Manufacture, 114, 1-7.

12. Murata, J., & Nagatomo, D.（2020）. Investigation of electrolytic condition on abrasive-free electrochemical mechanical polishing of 4H-SiC using Ce thin film. ECS Journal of Solid State Science and Technology, 9（3）, 034002.

13. 丁嘉仁、翁志強，次世代半導體晶圓材料複合加工技術（2020）

作者 / 日本研磨專家 CANON 先生

「打磨師辛苦了!」部落格創立者
http://canon.air-nifty.com/
30 年經驗自由拋光工程師

這次,很高興有這個機會在這專業的雜誌「磨報」上刊登文章。

我是部落客「研磨屋稼業はつらいよ! (研磨這行業太難啦 !)」的作者 Canon。我是專攻研磨的工程師。三十多年前沒有經驗的我踏入了「研磨」的行業,從事光學晶體、陶瓷材料、半導體材料、精密模具材料的超精密研磨,致力於附加價值高的研磨。針對企業的要求,分析是否能透過研磨技術去解決問題是我畢生事業。

2006 年,為了傳遞自己的經驗和想法,在網路上成立了部落格「研磨屋稼業 はつらいよ! (研磨這行業太難啦 !)」在研磨界得到了許多共鳴。到目前為止在部落格上文章分享,也有在專業的工業雜誌上登稿,也會登台演講。我覺得不只是技術和發現,往往都是從加工現場的經驗獲得的。所以今後也請多多關照。

難切削材質
的平面研磨經驗談

我所撰寫的主題是使用在平面研磨裝置上，可將被認為很平整的難切硝材質研磨得更平坦。優化研磨板和所提供的研磨材料的種類、研磨壓力的施加方法、研磨液的供給方法、零件的保持方法等條件後，研磨材料通過產品的研磨面和研磨板之間時會出現有趣的舉動。在未優化的條件下，會有無數劃痕損壞拋光面，無法獲得良好的粗糙度和所需的形狀精度。同時，運用五感觀察顏色，氣味，聲音，振動的話，我察覺到要得到良好的結果，加工條件是有規則性的。意識到這一點，可以改良作業工序，提高研磨面的質量。另外，這樣的規則性也可以適用於類似的其他材料，所以即使從明天開始磨的材料發生變化也可以輕鬆應對。對於硬質、化學反應穩定的材料，積極利用「機械化學反應」提高加工效率等，不僅僅是使用現有的耗材，還要從

制作研磨材料開始，重新審視研磨裝置的結構。我們在這裡說的「難以加工的材料」不一定是硬材料。它是對難以達到所要求的高加工精度的材料的總稱。因此，根據不同的規格，甚至玻璃和矽，也可以被視為難以切割的材料。近年來，因應企業要求，我們對據說雖然沒有很硬，但都難以將粗糙度降到最小和研磨時間過長的功率半導體晶體 SiC 和 GaN，以及 AIN 陶瓷和尖晶石材料上，都得到了滿意的效果。

在過去的幾年內，我在材料研究所利用精密拋光技術為材料研究做出了一些貢獻，我很高興能在這個領域得到這些經驗，受益良多。

在材料開發領域，是透過重覆從樣品的製成到評估和分析的過程獲得成果。

為了分析一個樣品，需要進行透光、通電，觀察其斷面和結構，所以平整的研磨面必然變得很重要。當材料本身具有特定功能時，對研磨面的要求是必須以不損害材料的特定功能的方式進行處理。如果研磨面不合適分析，實驗結果將與理論值不一致。希望大家能夠了解這結果，在新素材開發中是非常重要的。研究人員在製作素材的知識方面，他們是專家，但在研磨技術方面比較外行。即便如此，他們也無力委外加工，而試圖自己簡單進行拋光，以避免額外的委外加工費用和時間，但並不順利。在我所屬的光學單晶組中，結晶研磨面的好壞在我們研究行業是攸關我們生存的重大問題。如果在研削、研磨加工中破壞了材料本身具有的特定功能的話，可以說是本末倒置。周密地討論研究人員需要的研磨最終目標，我們記得是要透過我們的研磨技術為他們

想要的結果做出貢獻。當研究人員高興地說「有了好的結果！」的時候，就讓我覺得在這個研究機關的研磨方面有了自己的價值及貢獻。

目前重點是脆性材料的精密研磨，還在企業任職的期間，我也專注於開發和研究精密模具材料的研磨。精密金屬模材包括 STAVAX、ELMAX、HPM38S 以及 NiP 鍍膜。研磨這些材料是與研磨陶瓷和晶體材料不同的挑戰。這些模具大多用來大量製作數位相機和智慧型手機中組裝的光學零件。含有許多雜質的模具材料的表面必須被拋光到光學元件的玻璃水平，原因是樹脂或玻璃會轉移金屬表面的精確光潔度。在智慧型手機的小型鏡頭中，沒有平面部件；所有的鏡頭都是由非球面形狀組成的，這些模具的加工方法是超精密切割（Diamond Turning），具有極好

的形狀再現性。然而，近年來，流行在社群網站上上傳照片，對智慧型手機相機鏡頭的高解析度的需求也大大增加。即使更高解析度的需求增加，精密切割所產生的形狀精度也完全沒有問題。但重點在於「面粗度」。面粗度必須等同於可換鏡頭相機的玻璃鏡片。切削加工中，由於有規律的運動，原理上一定會留下螺旋狀的痕跡。將轉印有切削痕跡的鏡頭重疊多張，透過光線的話，會出現衍射現象而產生彩虹色的重影，嚴重損害照片畫質。智慧型手機的製造廠商對於這個問題並沒有特別要求，只須遵守交貨期。這個問題只能靠我們自己去解決，在開會時沒有人有提出任何想法時間就這樣過去了，結果最後還是依靠了「研磨技術」。似乎沒有人能夠想像在不破壞其形狀的情況下對如此小的非球面（直徑約 5 毫米）進行研磨。我從那時起就是一個能夠加工特殊材料的研磨工程師，所以我決定自己進行試驗。我以自己的方式思考，準備必要的耗材，自己制作工具，並進行了幾次原型測試，最後測試成功了。

從那時起，光線透過構成鏡頭的組件，也能拍出高解析度的照片。在未來，其他廠商也可能用同樣的方法研磨模具，或者用軟體進行修正。

剛剛提到的是單面研磨方式和非球面形狀方面的經驗，但以前我在民間私人企業在職時，我也接受了使用雙面拋光設備生產超平行芯片的挑戰。這是為了滿足從一塊矽片上切割大量 20×20 毫米超平行芯片的要求。

「超平行芯片」是什麼呢？一般來說，大規模量產的 4 英寸矽晶圓的平行度（TTV）約為 1 至 2 微米，在取樣抽驗時有些甚至可達到約為 0.5 微米。然

而，正如我們預期的那樣，無法從這些量產的晶圓中得到一個超平行的芯片。

因此，我們挑戰了這個課題，並在挑戰的過程中開發了可自由控制晶圓平行度的條件和規律。我們成功地找到了可以讓我們自由控制晶圓平行度的條件和規律。一旦我們掌握了規律性，我們所要做的就是監測並盡可能地降低平行度值。最終，4 英寸晶圓可以在 TTV 小於 0.05 微米下穩定生產。然而，我們實際上已經可以達到 0.02 微米了。我們現在可以從一塊晶圓上切割出九個超平行的芯片。

這種平行度可以在薄片上實現，這代表著，例如，如果使用的材料是具有足夠強度的玻璃，那麼以前使用單面拋光機各完成一面的光學元件，現在可以使用雙面拋光機來進行大規模生產。這就顛覆了人們對雙面拋光機不適合精密拋光的普遍看法。

與其他加工工藝相比，用游離的磨料進行拋光（Polishing）具有更多的不確定性，即使是設備商和耗材的製造商也無法保證的拋光表面品質。金屬加工中典型的 NC 加工機的研磨系統雖然沒有那樣的複雜構造，且結構簡單，但如果由熟練的技術人員操作的話，是可以取得非常好的效果的。反之，如果今天是一個不熟悉操作的技術人員來操作同樣的耗材、同樣的設備，也無法做出和熟練者一樣的效果。甚至操作者的個性也會反映在研磨面上，可以說是一個非常有趣的加工領域。這也是為什麼「精密研磨技術」的自動化沒有很大進展的原因

要找到附加價值高的工作方向其實沒有那麼困難。儘管有大量的材料和零件只有在研磨後才能發揮其性能，而且所要求的規格和精度因其納入的應用而有很大的難度，但如果你關注客戶的反饋，例如「這種材料（部件）很難達到這種規格」，就很容易確定這是值得解決的主題。為了保證員工的生計，與通過不斷接下客戶的工作委託和賺取盈利來為工作場所注入活力，你需要有「被客戶選擇的能力」。這種「被選擇的能力」也被稱為「競爭力」。困難的案件可能涉及對從未使用過的新材料進行

拋光，或對那些並不罕見但形狀精度和表面粗糙度的要求遠遠高於一般的材料。如果很多加工業者沒有能夠應對這種困難案件的技術，也許會潛藏著新的需求和需求，這可以說是商機。同樣地，在選擇工作方向時，你應該採取行動提高你的競爭力，而不是做許多加工者已經在做的事情，而是大膽地嘗試一個尚未實現的主題，一個預計在未來會有需求但被認為非常難以精確滿足的方向。

等疫情趨緩之後，希望有機會可以和大家見面，今後也請多指教。

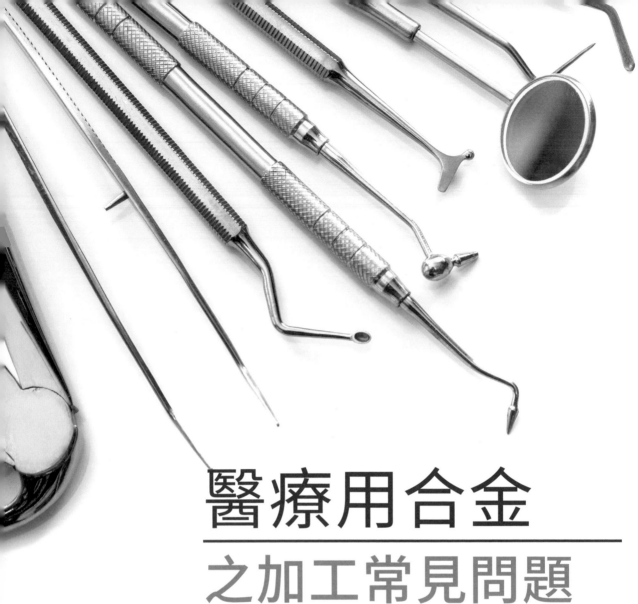

醫療用合金

之加工常見問題及解決方法

作者 / 日本國寶級磨削講師 愛恭輔

　　醫療用器具的材料會因病症的不同而有各種的使用型態，但首先都必須滿足生物相容評估及物理性的條件。如果是植入性的醫療器材，必須滿足生物相容評：不會產生毒性、不會引起過敏，並且品質穩定不容易起化學作用、身體不會產生排斥反應、不會導致癌症、沒有抗原性也不會導致凝血或溶血等特性；物理性的條件大致為：不易延展、伸縮、彎曲斷裂等靜的強度和適度的彈性、硬度、耐疲勞性、耐磨性等性能。

以下將講述最常被用在植入性以及大部分醫療用金屬 - 不鏽鋼和鈦的加工方法。

不鏽鋼與鈦的材料特性

不鏽鋼在 ISO 規格定義為 1.2% 含碳量 (質量 % 濃度) 以下,鉻含量 10.5% 以上為基準。根據工法和合金比例有麻田散鐵系、肥粒鐵系、沃斯田系、沃斯田‧肥粒鐵系與析出硬化系,但是沃斯田系的 SUS304 鋼材最為被使用

在醫療用器具上。鈦金屬雖有純鈦以及非常多種類的鈦合金,但是做為醫療用合金方面使用最多的是鈦合金 Ti-6Al-4V。因材質的特性與熱特性會影響加工 (表 1 會顯示出每個素材的材料特性)。

首先將最為廣泛使用的碳素鋼 S45C(退火材) 加入表格中一起比較,再來熱特性需要熱傳導、比熱與密度,此數值越大,加工點的溫度也要更高。

代表材料	抗拉強度 MPa	硬度 HV	延展性 %	熱傳導率 K Wm^{-1}K^{-1}	比熱 C Jkg^{-1}K^{-1}	熱特性值 (KρC)$^{-0.5}$	加工性指數
SUS304	800	150	40	15	481	0.0042	35
Ti-6AL-4V	1000	300	12	6.7	529	0.0079	20
S45C	600	170	20	64	430	0.0023	70

(表 1) 不鏽鋼 SUS304‧鈦合金 Ti-6Al-4V‧碳素鋼 S45C 的材料特性

如表 1 可得知雖然 SUS304 和 Ti-6Al-4V 與被大量使用在機械零件的碳素鋼相比,不管是強度還是耐熱性都較優秀,但因熱傳導率比較差,導致切削加工時,加工器械損害率高。因此加工性指數為切削加工難度的一項重要指標;先將低碳素硫磺快削鋼的加工性指數設為 100,以此為基準推算其他材料的加工性指數,數值越大者越容易加工,反之數值越小者越不容易加工。

一般來說切削加工性差的材料都通稱為難加工材料,首先設定相同的前角後角及刀具形狀進行加工,然後再以切削力的大小、工具的折損率、產品的面粗度與品質、廢料處理性等等參數,作為加工性指數的判斷標準。

除此之外,研磨加工就是使用擁有無數微小刀具的砂輪,並且每個微小刀具都具有負的前角,同時因為沒有後角及刃傾角等限制,所以研磨速度能達到切削速度的 10 倍以上,還能做到壓低進刀量等精細加工。在研磨加工的過程中會有約 80% 的熱能進到廢料上,而切削加工則約 80% 的熱能是進到工件上,因此研磨加工與切削加工兩者的工件以及工具上的差異,導致難加工材料也會所不同。

而研磨加工的加工性指數是由

(1) 磨削比 (材料磨除量 / 砂輪損耗量)

(2) 磨料脫落或易堵塞,使砂輪的壽命減短

(3) 目標面粗度及形狀無法達到

(4) 砂輪燒傷或破損,導致加工面無法維持高品質,容易產生以上現象的工件,即為與切削難加工材料相同的 SUS304 及 Ti-6Al-4V。

不鏽鋼以及鈦金屬的研磨特性

圖 1 是顯示一般使用的 WA 砂輪,以砂輪轉速 (Vs:30m/s)、工件速度 (Vw:0.17m/s)、進刀量 (t:10μm) 為條件進行研磨,SUS304 與 Ti-6Al-4V、S45C 三者的磨削比的結果。如圖示 S45C 在研磨時不管是材料磨除量或是砂輪損耗量都些微的上升,但是 SUS304 與 Ti-6Al-4V 兩者在研磨初期就看到材料磨除量以及砂輪損耗量都非常的高,因此兩者都算是難加工材料。圖 2 會看到每件材料的最大進刀量與磨削比,當中 SUS304 與 Ti-6Al-4V 的不管進刀量多少磨削比都很低。

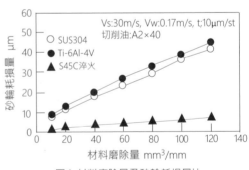

圖1 材料磨除量及砂輪耗損量比

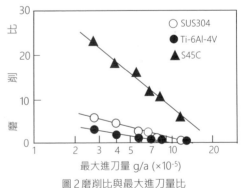

圖2 磨削比與最大進刀量比

圖 3 為了能找出針對 SUS304 能有效加工的砂輪，以長軸砂輪進行加壓研磨，進而整理出來的磨削比結果。雖說普通砂輪中 PA 砂輪交出不錯的成績，但是 CBN 砂輪的磨削比可說是非常有效的砂輪。圖 4 針對 Ti-6Al-4V 的研磨結果當中，一般砂輪中成績不錯的是 GC 砂輪，而超磨料砂輪則是鑽石砂輪最為有效。

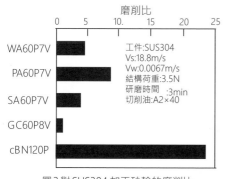

磨削比

| 工件:SUS304 |
| Vs:18.8m/s |
| Vw:0.0067m/s |
| 結構荷重:3.5N |
| 研磨時間 :3min |
| 切削油:A2×40 |

圖3 對 SUS304 加工砂輪的磨削比

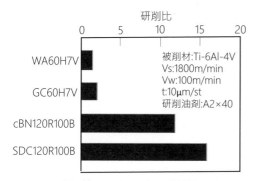

研削比

| 被削材:Ti-6Al-4V |
| Vs:1800m/min |
| Vw:100m/min |
| t:10μm/st |
| 研削油劑:A2×40 |

圖4對 Ti-6Al-4V 加工砂輪的磨削比

針對難加工材料的對策

為了能更有效率的加工難加工材料，必須先檢討砂輪以及加工要素，其中解決切削液問題也是非常重要的一件事。雖說切削液廠商在開發時，都會考慮到難加工材料的特性，但不單單只是切削液的選用，切削液供給方式的重要性也很重要。因為針對研磨加工時砂輪外部與工件的研磨點，目前仍無法有效供給切削液。所以未來也非常期待能看到高壓研磨以及微氣泡產生系統等新技術能夠普及並合作。

關於醫療合金
與拋光產業
的應用與探討

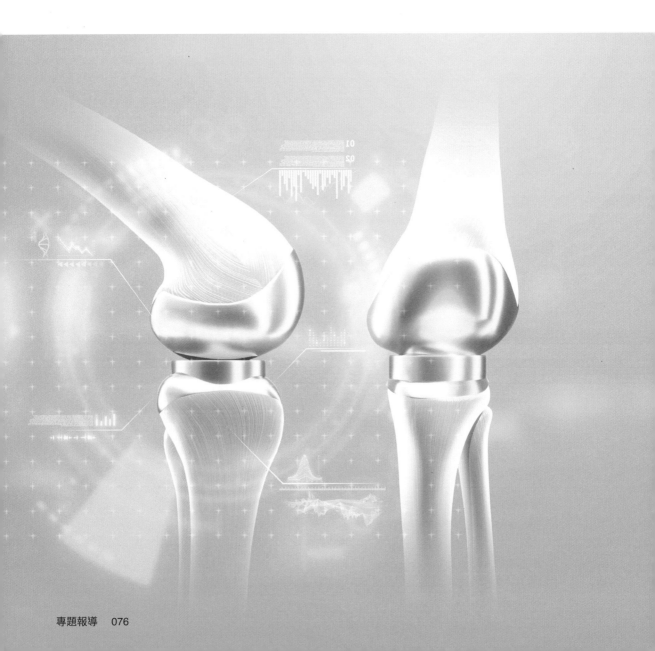

作者 / 吳昌憲

畢業於國立勤益科技大學工業工程與管理系生產製造與管理專班,曾任職台灣順力發有限公司設計部工程師,擁有 10 年的表面處理實務經驗與相關拋光技術,過去常駐廠於富士康服務 3C 產品,主要參與有 i-pad 與 i-phone 從耗材研發、拋光製程設計、批量生產等完整階段,依歷代不同產品特性與需求進行專案開發。

關於醫療合金產業

　　一名資深產業分析師 - 葉哲政,曾表示「從全球醫療器材市場的發展來看,隨著全球人口老化、新興國家經濟的起飛,使得醫療器材產品需求量與日俱增;相對地,此也帶動醫用合金材料的需求增加,使得醫用合金材料供應者有著相當大的應用商機。特別是醫用合金材料悠關人體安全,除需具有高機械強度與耐腐蝕性能外,另需考量生物相容性。全球醫用合金材料以不鏽鋼、鈦合金及鈷基合金為大宗,約占全球生醫材料的 40% 左右。」

　　另一名資深產業分析師 - 馬煌展,也曾表示「未來對於人口老化所帶來的醫材需求將會成為整體醫材市場主要的成長動力,特別是在人造器官的部分,在對抗老化下所帶來的病痛將有著不可動搖的地位。目前人造器官或植入物部分多以金屬合金為主,此外也有陶瓷、高分子與幹細胞移植等非金屬植入物研究。生醫材料的基本定義為用於人體體內或體外使用的醫療器材,但是,由於這些醫療器材在使用上會直接或間接地與人體的組織、體液或血液等接觸,因而在製造時,對材料的要求也非常嚴格,除了考慮一般材料具備的物理、化學性質外,尚需考量良好耐蝕性、生化穩定性、適當的機械強度,以及與人體組織、體液、血液等接觸時的生物相容性質 (Biocompatibility)。金屬材料在臨床上的應用大致以手術器械及骨科內外固定裝置等醫療器材為主。」

拋光產業對於醫療合金市場應用

先了解醫療合金產品需求特點

從產業分析師的分析當中,我們可以瞭解到未來醫療合金市場的潛在性,也相對地延伸這種醫療合金相關產品的拋光市場需求有一定的可期待性,而當中金屬材料又以 316L 與 Ti64 最為大宗。

我們也能從醫療合金產業分析中得到幾項需求特點,高機械強度、生化穩定性、耐腐蝕性能、生物相容性,其中又以「高機械強度與耐腐蝕性能」這兩項和拋光產業有相對較大的關聯性,這部分不論從產品材質種類、軟硬度與結構外觀設計以及材料耐腐蝕性能皆能影響在拋光製程上的選用與設定。

綜合條件客觀分析拋光製程的應用

首先以結構外觀設計作為初步分類來選用拋光方式與製程,相對地在整個拋光製程成本評估時也較容易符合效益,簡單的譬如部分手術器械,刀具、夾具、托盤等,並無特別曲形或異形外觀,材質本身就選用較耐腐蝕性能的,以傳統拋光產業中的機械拋光,乾拋或濕拋,分道次進行粗、中、精拋光,手動或半自動與自動化拋光設備,即可達到去毛刺與表面拋光處理,製程成本也相對來得低。

機械拋光是指設備主軸上固定有砂或無砂的拋輪或拋皮,使用附有磨料之固體蠟或拋光液,接觸產品表面進行高速旋轉摩擦進行拋光,消除產品表面的不平,從而獲得光亮表面的機械加工方法。

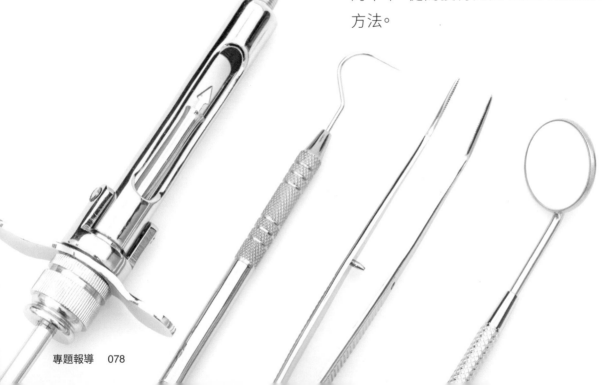

　　粗拋是用粗拋光磨料或硬輪以及粗番號軟硬砂輪對產品工件表面進行磨削，它主要用來去除產品表面的毛刺、劃痕、打砂或砂光紋路、細小砂眼各種相對的明顯的缺陷，以提高表面平整度和降低表面粗糙度，粗拋後的工件表面只能達到平整的程度，表面留有粗拋線紋與紋路，並不能得到光亮的表面。中拋是用中拋光磨料或硬輪以及中番號軟硬砂輪對經過粗拋的表面作進一步的拋光處理，它能去除粗拋時留下的粗拋線紋與紋路，產生平滑至初、中等微光亮的表面效果。

　　精拋是拋光的最後一道工序，它是用精拋光磨料或軟輪以及精細番號軟硬砂輪對工件表面進行拋光處理的方法，由於它是在已經比較平整且平滑的表面上進行拋光，所以可以進一步降低表面的粗糙度，去除了中拋時留下的中拋線紋與紋路，以達到微觀平整的目的，因而可以獲得十分光亮的表面，真正的達到鏡面光亮。

　　從相關實務經驗上來說，若產品前製程有打砂或砂光的預處理至番號#3000~#5000，則有機會省略粗拋製程，僅需中、精拋光製程安排即可，此部分需視整個環境條件與相關製程成本的綜合評估，拋光製程設計才能有機會達到最佳的經濟效益。

　　另外以結構外觀設計相較特別的曲形或幾何形狀，甚至是異形的外觀產品，建議以流體力學拋光的方式處理，當中包含流體拋光、震動研磨、渦流拋光、磁力流體拋光等，又或是該醫療合金產品對於耐腐蝕性能需求較高者，建議可以嘗試電化學拋光方式，如化學拋光、電解拋光、等離子電漿拋光等。

　　粗、中拋光製程的選項有流體拋光、震動研磨、渦流拋光等，用粗、中等拋光磨料或磨粒與磨石對產品工件表面進行滾動式磨削，透過震動或高頻率旋轉運動、換向翻滾產生高度靈活自由度的翻轉滾動，使磨料與磨粒在產品表

面進行全面性的去毛刺或粗、中拋光，當然也不排除若使用部分特定精細磨料與磨粒，也能達到精拋產品效果，視條件狀況與產品表面等級需求而定。

而中、精拋光製程的選項則有磁力流體拋光、化學拋光、電解拋光、等離子電漿拋光等。

磁力流體拋光 (含磁流變拋光) 是利用超強的電磁力、磁場跳躍的力量傳導細小的不鏽鋼磨針、磨材，又或是磁流變拋光液，針對產品工件高頻率旋轉、震動進而產生高速流動，劃過產品表面產生摩擦磨削，來達到拋光效果。

化學拋光是靠化學試劑的化學浸蝕作用對產品表面凹凸不平區域的選擇性溶解作用消除前製程粗、中拋光磨痕，表面微觀凸起部分的溶解速度大於表面微觀凹陷部分的溶解速度，將產品表面浸蝕使其平滑並光亮的一種方法。

電解拋光是以金屬產品工件為陽極，在適當的拋光電解液中進行電解，有選擇地去除其粗糙面，由於微觀凸起的電流密度大，溶解速度快，使產品表面的微觀凸起部分先溶解，進而使產品表面達到平滑，並且提高表面光亮程度的技術，電解拋光同時也可增加不鏽鋼產品表面的耐腐蝕性能。

等離子電漿拋光，等離子也稱為物質的第四態，是一種電磁氣態放電現象，使氣態粒子部分電離，這種被電離的氣體包括原子、分子、原子團、離子和電子。等離子就是在高溫高壓下，拋光劑水溶，但是在高溫高壓下，電子會脫離原子核而跑出來，原子核就形成了一個帶正電的離子，當這些離子達到一定數量的時候可以成為等離子態，等離子態能量很大，當這些等離子和要拋光的產品摩擦時，頃刻間會使物體達到表面光亮的效果，拋光過程中使產品表面產生一層鈍化薄膜，增強產品表面拋光面的耐氧化、抗腐蝕性能。

其中以化學拋光與電解拋光,該兩種方法有使用到較高強度酸、鹼藥劑,因此相對地工業安全維護需求也較高,而操作過程中對於環境污染也相對嚴重;拋光劑或拋光液使用週期以化學拋光與電解拋光以及等離子電漿拋光這三種會比較短,需頻繁更換,而當中又以化學拋光與電解拋光的拋光廢液存在有害物質需特別廢液處理,因此綜合評估時也需要以上注意事項納入製程成本作為一併考量;另外以電解拋光與等離子電漿拋光,因拋光過程中使產品表面產生一層氧化或鈍化薄膜,有助提升加強醫療合金產品所需的耐腐蝕性能,單純從理論上評估的話會是最適合醫療合金產品的拋光製程。

結論

依據現階段醫療合金產品材質最大宗為 316L 與 Ti64 來說,在拋光產業上的技術已經有不錯的基底,不論是傳統機械式拋光磨料的選用還是拋輪種類與軟硬度搭配,還是流體力學或電化學拋光的拋光磨料與拋光劑、拋光液,主要關鍵還是在於醫療合金本身產品設定的結構與外觀設計,是否屬於容易被拋光加工形狀,進而影響拋光工藝製程上的選用,與整體拋光製程效益上的評估,譬如骨科的人工關節、骨板、手術器械、齒科的人工牙根、微創手術器械、心血管支架等等,不同的產品形狀大小在拋光製程上選用設定皆不同。

若結構外觀設計相較特別的曲形或幾何形狀,甚至是異形的外觀產品,是否可用手動機械拋光 (乾拋),當然也可以,但這部分需要很吃拋光技師的精細手巧,除了產量也需要考量到人工每天上班不同的情緒是否會有品質不穩定的影響;而半自動與自動化設備雖然相對地比人工穩定,但從設備拋光行程設定、拋光路徑的設計、設備粗中精拋道次的安排、拋光角度是否能面面俱到,也是需要更進一步依據醫療合金實際產品形狀才能評估。

醫用合金的種類及磨削特性

作者／生堯砥研 技術部

醫用合金的種類

隨著醫療市場蓬勃發展，醫用合金的需求也日漸攀升。

醫用合金材料的種類很多，但能滿足人體生理條件下使用的卻不多，目前較廣泛應用的主要有不銹鋼、鈷基合金、鈦合金、形狀記憶合金、貴金屬等，其主要應用於於軟組織和一些器官的修復及功能恢復等方面。

而在全球醫用合金材料中，不銹鋼、鈦合金及鈷基合金則為大宗，約佔全球生醫材料的 40% 左右。因此，本文將會針對不銹鋼、鈦合金及鈷基合金這三種醫用合金大宗金屬的特性，以及其磨削特性來說明。

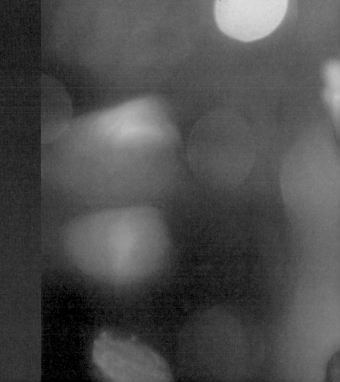

不銹鋼的特點及其磨削特性

醫用不鏽鋼為鐵基耐蝕合金,是最早開發的生物醫用合金之一,其特點是易加工、價格低廉,耐蝕性和屈服強度可以通過冷加工提高,避免疲勞斷裂。

但從研磨的角度來看,不銹鋼是一種難以處理的材料。首先,由於它沒有磁性,因此不能用磁性夾具夾住,所以在平面研磨中,必須用板子夾住,或固定在夾頭或虎鉗上進行研磨。

此外,若使用一般的 WA 砂輪會因為堵塞而無法繼續進行研磨工作。若強行將工件切入,又會導致其燃燒,或者在最壞的情況下,工件會被炸毀。

因此,磨削不鏽鋼時,減小砂輪的堵塞是提高磨削效率的重要因素,加工中要經常修整砂輪,保持切削刃的鋒利。

磨削不鏽鋼的砂輪也須選用自銳性好的砂輪是主要目標,一般選用硬度低的砂輪效果好,但也不能選擇硬度太低的砂輪,否則磨粒未磨鈍就會脫落。

在研削液選用上,則必須兼顧潤滑和清洗兩種作用,供給充足,可選用表面張力小,含極壓添加劑的乳化液,獲得高的表面質量。

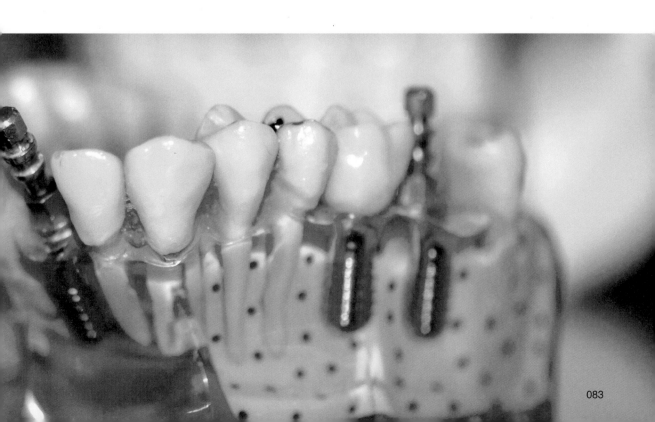

鈦合金的特點及其磨削特性

鈦及鈦合金的密度在 4.5g/cm³ 左右,幾乎僅為不鏽鋼和鈷合金的一半,密度接近人體硬組織,且其生物相容性、耐腐蝕性和抗疲勞性能都優於不鏽鋼和鈷合金,是目前最佳的金屬醫用材料。

不過,因為鈦合金具有強度高、熱穩定性好、高溫強度高、化學活性大、熱導率低、彈性模量低等材料特性,所以磨削起來非常困難,屬於最難加工材料之一。

在研磨上雖然可以採用傳統做法,將砂輪轉速放慢,藉此降低研磨溫度,但這並不是長久之計,因為這樣做會降低尺寸精度,更需要經常調整,會使加工成本增加。最理想的情況還是在轉速不變的情況下,調整砂輪、研削液或加工條件,會是比較好的方向。

砂輪可以採用綠色碳化矽及碳化矽砂輪,黏附會較輕,燒傷與裂紋現象也較少。

磨削鈦合金時對研削液的選擇,除具有冷卻和沖洗作用外,更主要的是要有抑制鈦和磨粒的黏附作用和化學作用。因此,最好選用含有多種極壓添加劑的水溶性研削液。

使用時主要加大磨削液的流量與壓力;水箱容量要足夠大,以保持研削液有較低的溫度。此外鈦合金磨削時溫度高,切屑易燃,使用油類研削液時要注意安全防火。

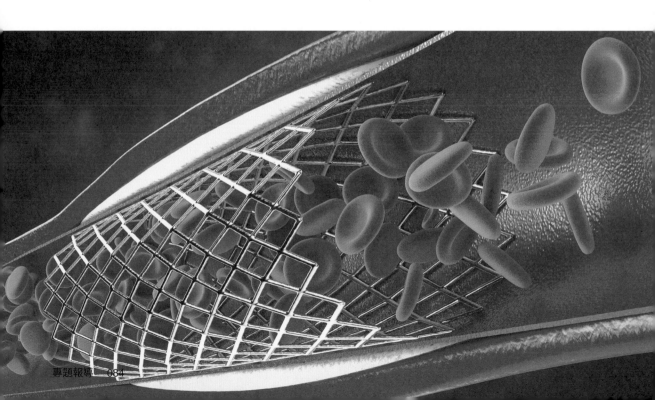

鈷基合金的特點及其磨削特性

鈷基合金是一種新型材料，在醫用上用於製造關節替換假體連接件的主幹，如膝關節和髖關節替換假體等。

整體而言，鈷基合金通常可以用耐磨、耐腐蝕、耐熱來形容。合金的許多特性來自於鈷的晶體學性質、鉻、鎢、鉬的固溶強化、金屬碳化物的形成以及鈷賦予鉻的耐腐蝕性。

鈷基合金與鈦合金同屬耐熱合金，在砂輪上的選擇可參考鈦合金的篇幅。

不過鈷本身是具有毒性的，當鈷合金被研磨時，鈷有溢出形成霧狀的可能性，如果被吸入就會引起肺部疾病。而且鈷也會變得更加黏稠，難以清洗。

因此，使用研磨液是防止鈷溢出的一項措施。選擇適用於職業安全標準的水溶性研磨液，才能確保安全。

結語

近年來，社會高齡化之勢難以阻擋，促使政府大力推動醫療器材產業，對發展金屬生醫材料相關產業相當有利，研磨加工業也因醫用合金，而身置在醫療產業鏈的一環之中，跟著此股趨勢前進。至此，研磨加工業也將更上一層樓，在這股龐大商機中，襄助於金屬材料相關廠商轉往更高價值的醫用合金市場。

微型手術刀成型研磨的問題及解決方案

作者 / 生堯砥研 技術部

醫療趨勢──微型手術刀的需求

微型手術，是一種主要透過內視鏡及各種顯像技術，而使外科醫師在無需對患者造成巨大傷口的情況下施行的手術。

微型手術造成的傷口較傳統手術小，不僅能降低術後疼痛、出血和感染機會也會變少，且復原時間短，風險大大降低，因此這項手術已為當今醫學帶來新革命，更大大提升了微型手術刀的需求。

不過，因為手術極度精密複雜，對於生產器材與零組件的要求相當高，想要做出微型手術刀，不僅對刀子的利度要求高、邊角及毛邊也不能馬虎，精密程度既高又複雜。

且因為微型手術刀使用非常特殊材質，不容易使用傳統加工方法，在研磨時也常常會遇到問題發生。

微型手術刀的研磨問題

研磨微型手術刀最常見的問題，就是鐵屑沾黏及毛邊產生問題。以下將針對這兩樣問題詳述，並闡述該如何解決。

解決研磨砂輪上的鐵屑沾黏問題

鐵屑沾黏的原因是研磨時的溫度過高。研磨產生的高溫使得被磨削下來的鐵屑熔黏在砂輪上。若使用適合於加工條件，而且切削力好，散熱效果佳的砂輪，能夠解決改善這樣的問題。

當然，研磨液的其中一項作用就是冷卻，所以針對這個問題，也能提供改善的作用。不過，如果像是成型研磨等，砂輪深入工件內部的加工，相較於平面研磨，研磨液較不易充份的供給到研磨點，此時，砂輪本身的冷卻性就很重要了。

如果是尺寸比較大的砂輪，可以透過加大氣孔來解決散熱，甚至研磨液也能充份地供給到研磨液。

然而，如果是砂輪寬度窄，粒度細的情況，若加入了過多的氣孔，砂輪的強度會減弱，除了有砂輪破裂的危險外，也不利於支撐成型研磨所需要形狀精度。

因此，砂輪最好能夠採用特殊的混合磨料技術，利用磨料之間不同的特性，在不需要加大氣孔的情況下，達到良好的散熱冷卻作用，也能同時確保成型研磨時的加工精度要求。對此，我們推薦使用蟬翼、翡翠砂輪。

解決研磨刃口有毛邊產生的問題

就好比切生魚片一樣，切下來的魚片是否平整沒有毛邊，與下刀的角度，下刀的速度等等都有關係。但切魚的刀如果足夠鋒利，這些條件影響就少。

因此，從砂輪的角度來說，我們建議從提高砂輪的鋒利度來著手，這邊說的鋒利指的是砂輪維持鋒利的時間長短，愈能夠長時間維持鋒利愈好。此時如何在砂輪自銳能力與消耗速度之間取得平衡就是關鍵點。

結語

近年來，微型手術已是目前臨床上的主流。根據統計，在醫院開刀房所進行的手術中，傳統開腹手術對比腹腔鏡微創手術的比例，已經將近 1:9。

也因此，微型手術刀的需求將是不可忽視的，儘管在研磨上並不容易，但只要選定對的砂輪，以及不斷完善精進製程，便能掌握這一波必然的趨勢創造佳績。

如何減少
醫用合金拋光後汙染

作者 / 生堯砥研 技術部

醫療用合金對清潔的高度要求

醫用金屬材料主要應用於骨科、齒科及矯形外科的內植入物及人工假體等植入醫療器械的制造,以心血管支架為典型代表的各類管腔支架,以及各式各樣的外科手術器械和工具,為延長患者壽命、改善患肢功能、提高患者的整體生活質量發揮了重要作用。

但統計數據顯示,美國每年200萬例院內感染病例中約一半與植入物有關,英國每年植入物相關感染約花費700～1100萬英鎊。

世界衛生組織(WHO)頒布的《院內感染防治實用手冊》中的數據顯示,每天全世界有超過1400萬人正在遭受院內感染的痛苦,其中60%的細菌感染與使用的醫療器械有關。

因此,為了防止植入物汙染,如今業界也對醫用合金有著高度清潔的要求。

容易遇到的清潔問題

青土能洗去一般金屬表面上的生鏽或是汙垢,在研磨時經常使用,然而研磨醫用合金時最容易遇到的問題,就是青土不易清除,導致拋光後會二度汙染。以下將針對此問題詳述該如何解決。

如何解決?

針對青土不易清除,可使用純淨拋光臘。

使用純淨拋光臘,清洗後,蠟會分解成為粒狀並沉到桶底,可免去清洗的困擾。若使用一段的拋光蠟,清洗後,油脂會浮到水面上,工件即使清洗乾淨,但拿出水面時,髒污油脂又會附著到工件上,造成二次污染。

其次,是減少拋光蠟的使用,針對需要的光澤度來評估,選擇適當的產品。如不銹鋼,則用細拋及精拋兩種產品。

EVACH
醫用合金研削液

作者 / EVER CHEMICAL 工業尸株式會社 社長 八木俊衡

EVER CHEMICAL 工業株式會社
社長 八木俊衡

　　我是製造銷售日本研削液的 **EVER CHEMICAL** 工業
股份公司的八木。繼上次專訪之後，再次感謝讓我在雜誌上
刊登文章機會的各位讀者們。

　　上期我們談到了切削液的作用，這次我們將挑選客戶們
提出的問題點和要求項目，進行更深入的說明。雖然也會有
受到機械和砂輪影響的情況，但這次將以「與切削液相關內
容」進行說明。

企業檔案

EVER CHEMICAL 工業株式會社（EVACH）1982 年於日本大阪府設立。自創業以來，致力於金屬加工油品的研發、製造和銷售。同時也向陶瓷、塑料等領域拓展。充分利用基於主要性能 (可操作性)、次要性能 (附帶功能) 和三次性能 (環境 / 安全) 的最新技術和專有技術，為每個客戶定製適用的產品。

防鏽性

生鏽的時候，切削液本身也有問題。但首先，請先確認是否為製造商的指定濃度？若相同的切削液使用了很多年，是不會突然大量生鏽的。我們也接到因生鏽的問題而聯繫我們的廠商，但多半是因為濃度淡而生鏽居多。

再來也請確認加工品的放置場所，加工後幾天內生鏽了？在甚麼樣環境下、哪些地方生鏽了？如果能知道切削液更換後的經過時間等，就可以追朔原因，更快地採取對策。

面粗度、精度

提高面粗度不僅只有砂輪能調整，切削液也能調整。更換砂輪是個大工程，但如果只是從機器的小油箱裡更換切削液，就能看到不同的效果。(方便性 (?) 面粗度 (?))

延長修整間隔時間，增加砂輪壽命

為什麼要進行修整？因為砂輪被堵塞才進行修整。

修整有防止砂輪阻塞的自生作用，但切削液也能提高砂輪的壽命。最近，有客戶表示修整間隔延長了三倍。正如本節末尾提到的，延長修整間隔的「Cost Down」效果不僅可以提高砂輪的壽命，還可以提高生產率，在較小程度上減少修整器的使用。

至於增加砂輪的壽命，在磨削硬質材料時，阻力值增加，砂輪掉落也增加。在這種情況下，可以通過減少阻力和降低落差來延長砂輪壽命。這一點在下文中也有更詳細的說明。

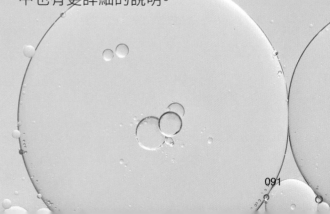

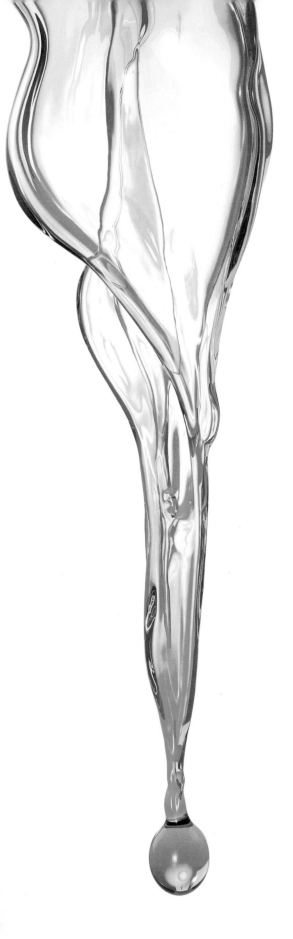

接下來，將進行說明的是近年來在醫療應用和電腦中被廣泛使用且重量輕的鎂合金、不鏽鋼、鈦合金等硬質材料。

鎂合金的最大特徵是重量輕，但耐腐蝕性差，磨削後的鐵粉越小，起火的可能性就越高，注意安全是很重要的。另外，在切削液中，鎂合金的成分溶解在切削液中，對切削液會產生不良影響，因此，有必要抑制溶解還有即使溶解也能多少延後切削液的效能惡化。

現在 EVER CHEMICAL 推出了相對應的產品。前一段提到，由於起火的危險性很高，我們也很難進行測試比較，但是於 2022 年秋天，新的辦公樓、新的實驗樓完成後，也將會導入更完善、可採取對策的設備，所以下一季預計將品質進一步提高的產品發表上市！敬請期待！

接下來是關於不鏽鋼和鈦合金…等硬質材料。這並不意味著不鏽鋼和鈦合金是具有相同性質的材料，而是指它們同是硬度高的工件 (而是與硬質材料兼容)，這點請了解一下。

客戶最常見的問題和要求是「延長砂輪的壽命」和「通過提高加工條件來提高磨削率」。在這種情況下，提升潤

滑性是很重要的，但只提升潤滑性仍不夠。另外，潤滑劑也有優點和缺點，例如有潤滑效果高但氣泡多的潤滑劑，相反地也有潤滑效果低但氣泡少的潤滑劑等，有很多種類的潤滑劑，效能也各式各樣。因此，多個潤滑劑的調配和調配比率是很重要的。

用料理來比喻的話，也許只有日本料理能這樣譬喻，像是味道太淡的話，是要加鹽嗎？還是加薄醬油？或是要加厚醬油？亦或是再加高湯呢？不管用哪種方式加入都會使味道變濃，但加入後味道會完全不同。潤滑劑等於使味道變濃的調味料，所以選定和調配量是非常重要的！

請留意以下兩點訊息：
一、對於像不鏽鋼和鈦合金那樣的材料，即使是非常好的切削液，也不一定適合 S15C、S45C…等一般材料。再次用料理來舉例的話，並不是所有昂貴的食材、高級的餐廳都好吃。即使是便宜的食材或是一般的餐廳也是會有很多好吃的料理。這都是靠廚師的知識和經驗。切削液也一樣，在這種情況下，潤滑劑的選定和調配也是我們專有的技術，從廚師的角度來說，和做料理的技術、知識、經驗是一樣的。

二、COVID-19 的確診人數下降，國際的交流也變得稍微可行一些。我也在確診人數減少的時候，到海外出差過一次。但，隨著新種變異株的增加，日本的確診者也在相對增加。受 COVID-19 的影響，所有東西的價格都在上漲，僅僅是價格高漲還說得過去，但也有陷入難以獲得原料的狀況，由於本公司優先穩定供給，所以現階段不存在因空運對客戶貨源的擔憂。

隨著市場需求量高漲，銷售價格都很難下降。由於半導體短缺，日本市場也存在很多焦慮。除了提高砂輪的壽命外，排除故障的時間、人工成本、COVID-19 期間的停產也都是成本。我們以提高生產率和效率為開發導向，準備研發上市「KAIZEN 切削液」和「COST DOWN 切削液」。

首先，請讓我們了解您的需求，根據 COVID-19 的情況，如果有更多的要求，未來我們可安排現場拜訪，讓我們一起推行改善「KAIZEN 切削液」和「COST DOWN 切削液」的研發改善。

感謝您閱讀到最後。我們希望您對「KAIZEN 切削液」、「COST DOWN 切削液」和敝司其他的切削液感興趣，我們將深感光榮。

玻璃拋光的
固定磨料加工法

作者 / 大和化成工業株式会社 営業部 橫井直樹

企業檔案

　　大和化成工業自 1969 年創業以來，就在製造和銷售用於各種工業領域的可切割和拋光的橡膠磨刀石 Daiwa Rabin。我們的製造基地位於埼玉縣草加市，但我們出口到包括日本在內的 30 多個國家。無論在中國和台灣，我們的產品長期被廣泛使用，不僅在模具領域，在汽車、家電、飛機零部件、重工業…等領域也得到廣泛應用。

　　擁有超過 18,000 種不同形狀的產品陣容，像是長軸、盤型 (raised hub disc) 等類型，當中具代表性的型號 CM、OX 和 UN 都是藉由不同的磨料與橡膠做組合搭配所開發而成。

玻璃邊緣拋光產品。這類製品是以橡膠作為結合劑再加上氧化鈰所組成的砂輪。氧化鈰是一種與玻璃配合良好的磨料，可說是在越接近精密加工成品的工序中不可或缺的要素。它們相容的原因是由於氧化鈰和玻璃在拋光過程中會發生化學反應，使表面的凹凸部分變平滑。這與單純用普通的砂輪直接在玻璃上進行研磨差別非常大。這種同時使用化學及機械性質的研磨手法稱為 CMP，所以這種使用氧化鈰的玻璃拋光技術是一種類似於 CMP 的工藝。

隨著拋光世界變得越來越精確，可以使用多少機械力進行研磨是有極限的。處理半導體的矽晶片時，我們會使用專門的 CMP 研磨液進行加工，這不單單只是利用機械性的研磨，同時還會對工件產生化學反應。雖說氧化鈰跟玻璃的相性好，但製作成布輪加工的案例也不少，這種可與各式機械配合的磨料是非常方便的。

因此大多數的玻璃研磨都是使用水與油的溶液加入氧化鈰，將氧化鈰當作【游離磨料】做使用。使用游離磨粒的方法的優點是相對容易獲得良好的表面，但，由於液態磨料的關係，引起設備和工作環境的惡化會比較難處理 (因使用大量的研磨液的關係，較易汙染加工機械及地板)。不得不說，在加工方面存在很多問題管理和成本需要考量，例如定期更換磨料以穩定加工。

除了橡膠砂輪的「彈性」特性外，大和化成工業獨特開發的磨粒和特殊的橡膠設計，可以廣泛的用在各式用途上，不誇張，可以算是不論任何類型材質都適用。

　　在醫療機器的研磨中，對鈦、鈦合金、SUS、鈷鉻合金…等，難切削材料進行去除加工痕跡、毛邊處理、拋光…等，可實現順暢、精密的作業。

　　針灸在日本很普及且流行，針灸的針頭研磨多年來也是使用 Daiwa Rabin 研磨。

　　Daiwa Rabin 也用於醫用手術刀刀刃的最終拋光。除了醫療用途外，它還活躍於以下獨特的應用領域。

- 去除高級鋼筆筆尖的毛刺縫隙
- 高級手錶的零件（Hair Line、旭光…等表面處理）
- 鑽石巖芯鑽 (core drill) 的目標
- 火車鐵軌的去銹作業
- 影印機及靜電消除器的放電電極維護
- 蓋玻片的鏡片研磨（手機的藍寶石強化玻璃等）
- 軋輥、硬質鍍鉻的拋光

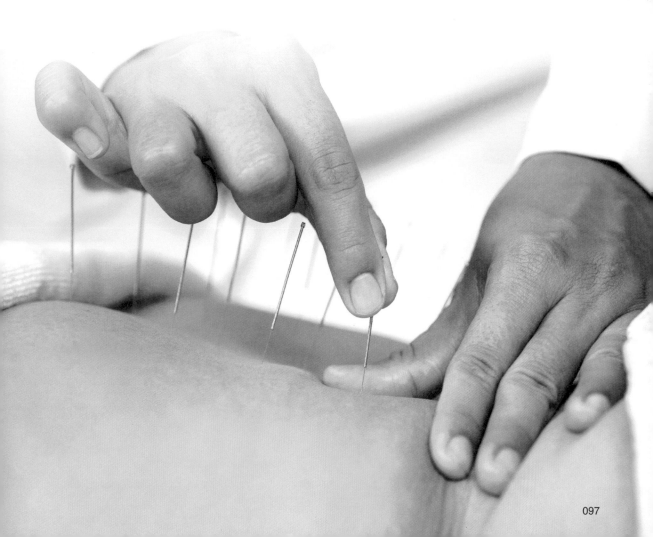

DAIWA RABIN
的廣泛用途

Daiwa Rabin 特徵

- 與堅硬的砂輪及砂輪帶不同,可於工件上研磨且不會留下深刻的刮傷。因此,可縮短研磨工程,也可降低總工程的成本。此外,由於無需擔心突發性的深刻刮傷,最適合拋光表面,也可用於真空設備的油封面。

- 與堅硬的砂輪相比,較不易震動且能適應曲面,不需要熟練的加工技巧也能夠穩定的進行加工。

- 通過選擇合適的砂輪和設定使用條件,可以安全地進行除毛邊作業,而不會產生二次毛刺。

- 硬度高的工件也能除去刀痕、毛邊。(不管 HRC60 左右的已淬火 SKD 等、又或者是鎳合金等耐高溫、高硬度合金)

- 對鋁、銅合金、黃銅、非金屬材料加工是也不易堵塞,能達到連續作業的效果。

大和化成為了解決游離磨料的作業問題,正在推廣使用「固定磨料」的加工方法。這裡的固定磨料是使用樹脂、橡膠、金屬等,再使用結合劑將磨粒固定的方法。正如之前提到的,大和化成已經將該產品商業化,作為 Daiwa Rabin 系列的一部分,使用橡膠作為粘合劑。由結合劑表面露出的磨粒對工件進行拋光,但結合劑磨損後又產生新的磨粒,因此加工速度恆定,質量穩定,同時不需要使用切削液,可以有望改善工作環境,降低成本。

大和化成的氧化鈰產品還用於拋光所有類型玻璃的邊緣面,例如醫療應用中使用的鏡片。

大和化成有信心能夠滿足未來日益增長的需求,因為可以製造各種形狀,如軸狀和扁平狀等各式形狀都可以客製化生產!

玻璃研磨所使用的氧化鈰產品

解決方案
T型模具鏡面研磨

作者 / 生堯砥研 技術部 謝堯宇

研磨方式:平面研磨
應用工件:塗佈模頭
研磨材質:P20、W8PH、其他模具鋼

塗佈模頭最主要是利用塗佈噴頭將各類漿體均勻的塗佈在載體材料上,例如 LCD 顯示器的光學膜、鋰電池的陰陽極板、膠帶、標籤等等,應用極廣,而鏡面研磨的結果將與產品的品質及模具的精密度相關,如何提升鏡面研磨的效率及降低成本還要兼顧品質就成了關鍵,以下就針對這些問題來為大家做個分析。

研磨問題

這類加工分為粗磨、中磨、精磨,而這幾個製程都有各自的挑戰,以下做個說明

粗磨:如何提升面粗度,縮短加工時間
中磨:減少工序,一次就讓精度進一步提高,減少後續精磨的時間
精磨:在不降低表面精度的狀況下,達到最終要求,並穩定工件良率

問題深入探討

　　粗磨若是能盡量不留下過深的痕跡，那後段的製程就可以少掉很多時間來做去除痕跡的動作，前面的粗磨越均勻，後面的細磨就越省力，那整體加工時間就會降低，效率也會隨之提升，依過往經驗來看，粗磨時的面粗度對整體工時的影響可來到 8 倍之多，可見粗磨的精密度是很重要的。

　　正常來說在粗磨之後會有中磨，最主要是為了進一步降低前段製程的面粗度，不可能在粗磨一次之後就進行鏡面研磨，就算前段製程研磨的再細，相比之下還是會有較深的研磨紋路，中磨的功用就是去除這些研磨痕跡，最終目標就是能夠減少工序，更進一步降低加工時間，提升效率，減少對研磨結果的影響因素

　　到了最後一道精磨，更需要注意所有的加工條件，除了砂輪以外，磨床震動、加工參數甚至環境溫度都會微略的影響精度，如何在這些條件的影響下達成最終面粗度，考驗的不只是加工技術，更是考驗砂輪的穩定性。

常見辦法

　　為縮短粗磨的加工時間，一般會讓轉速加快，進刀量加大，粒度選擇粗粒度，例如粒度 #46 來做研磨，但這樣會影響粗磨後的面粗度，雖然加工時間縮短，但前述也有提到粗磨精度對後續製程的影響，所以調粗粒度或加大進刀量並不是完全正確的方法

　　一般或需要高精度的製程，會增加兩到三道中磨，但這樣會讓加工時間拉長，而且一旦中磨的道次越多，那能夠影響後續製程的不確定因素會更多，生產的設備成本也會提高，人力成本增加，需要更長時間的人力去做這幾道工序，可以有更好的辦法來處理這些問題

　　一般為了精磨的穩定性，會減少進刀量來提升面粗度，這樣的方法會使效率降低，且一旦砂輪的穩定性不足，在降低進刀量這樣高時長的研磨下，出現微略的震動，或是砂輪切削下降研磨溫度提高，就會讓一切前功盡棄，重新加工的成本會大幅提升。

解決方案

使用較細粒度,但同時又能加大進刀量的砂輪,但能做出這樣效果的砂輪,主要要看砂輪的氣孔散熱能力,若是氣孔散熱能力差,粗磨時可能出現燒傷、過度進刀,甚至工件變形,所以氣孔及砂輪本身的自銳能力是一個需要看重的點,氣孔分布均勻會讓加工的熱平均分散,再加上高自銳性能,可以減少氣孔的堵塞,還可以讓砂輪始終保持鋒利的切削力,但這些條件就需要找尋品質穩定且技術強大的砂輪廠商,才可以完美的達成高精度粗磨的效果

需要一顆可以連續進刀,並且研磨紋路均勻的砂輪,若是能在同一粒度的狀況下連續加工,就能減少更換砂輪的時間,減少重新對刀造成的位置誤差,要達成這樣的條件,最主要需先調整砂輪的結構,改變舊有的制式觀念,並不是單調整粒度就能達成,可以改為使用彈性砂輪,彈性砂輪透過結構的改變,自動貼合工件表面,使其達到去除刮痕降低面粗度的效果,或是使用特殊氣孔設計的 CBN 砂輪,一般 CBN 砂輪雖可以達高精度的研磨,但容易因為熱膨脹而產生壽命下降,熱膨脹過度進刀等問題,加入特殊氣孔設計能讓研磨溫度降低,減少問題發生機率,讓最後的精磨製程更加輕鬆。

為解決精磨所產生的問題,會建議使用的砂輪能長時間的維持鋒利,也能達到良好的面粗度,兼顧效率與良率,要達成這樣的效果,可以選擇使用更細粒度的彈性砂輪,也要使用高品質磨料,磨粒集中度較高,顆粒差距小,更進一步減少刮痕的深淺差距,其彈性結構也能吸收機台產生的微略震動,還有結合劑的挑選,需要強度高的結合劑,能長時間維持砂輪的形狀保持力,選擇能具有自銳性能的磨料,保持磨料鋒利,減少因切削力降低所產生的研磨熱,集齊以上條件就能擁有穩定高精度加工的效果。

總結

加工高精度的工件從不是一件易事,能夠影響加工結果的條件非常多,從機台震動、加工參數,磨料的選擇甚至環境濕度氣溫的影響,隨著需求精度越高,這些條件的影響也越明顯,如何提高加工效率並維持精度甚至更高精度,一直是一項挑戰,生堯今天的分析希望提供給大家一個解決的方向,能夠對正在煩惱相關問題的人有所幫助。

解決方案
刀剪刀刃口研磨建議

作者 / 生堯砥研 技術部 謝堯宇

刀剪工具為何要研磨？

原因：刀剪的刃口主要用來剪切材料，所以兩片刃口的密合精度必須高，才能達到精準剪裁的效果

研磨零件及部位：剪刀實際剪裁的刀刃部位，單片研磨後再透過手把組裝成剪刀

應用：園藝剪刀、剝線鉗、美髮剪刀，針線剪刀等

對產品的要求？

刃口的平整度

刀剪工具若是刃口不平整，可能會讓兩片刀刃間無法進行配合，造成切割能力下降，刃口變形等等的問題。

刃口的面粗度

刃口的面粗度決定刀刃的鋒利程度，面粗度低，刀刃就會比較鋒利，不容易鈍化，延長刀剪工具的使用壽命，後續要在刀刃上鍍層也會比較容易。

常見問題與發生原因

直接影響加工效率的問題

1. 切削力不足

　　進刀大導致砂輪需要承受的擠壓力大，消耗速度快，磨料鈍化的速度也快，導致砂輪容易堵塞，壽命差，需要頻繁修整、更換砂輪，會提高時間與砂輪成本。

2. 研磨尺寸不準確

　　砂輪結合劑強度不夠，在高速旋轉及大壓力負荷下使砂輪向外變形，厚度變厚產生過磨的狀況，造成工件不良率的提升。

3. 面粗度不佳

　　面粗度與粒度、切削力息息相關，水泥砂輪因為重切削的加工壓力大，很難直接降低表面粗糙度，對於需要高精度的表面來說，改善範圍有限。

4. 砂輪破裂風險高

　　因為水泥砂輪都用在重切削，本身對砂輪的壓力極大，砂輪結合劑強度不夠，在進行大進刀量的研削時，破裂風險相較一般砂輪來得高。

其他問題

1. 砂輪供貨不穩定

　　水泥砂輪是以氧化鎂為結合劑，原料便宜且資源豐富，但因為具有微毒性，長期吸入肺部會導致發炎，對眼結膜及鼻黏膜有輕度刺激作用，會導致呼吸困難、胸痛、咳嗽等症狀，還會汙染地下水道及汙水處理系統，所以近幾年氧化鎂取得困難，相對水泥砂輪的供貨量就會不穩定。

2. 水泥砂輪研磨產生廢棄物

　　若是水泥砂輪的切削力開始下降，研磨溫度提高，會產生細小的碎屑呈現融化的狀態，冷卻硬化最後變為泥狀的淤泥，淤泥無法透過循環回收利用，後續又需要花費時間與人力去清除。

3. 水泥砂輪不耐久放

　　因為結合劑與製作方式，砂輪會吸收空氣中的水分，容易受熱受潮，受潮後會失去強度，損失率高達 60-80%，加上高速旋轉且大壓力的進刀量，提高破裂風險，危害操作人員的安全。

4. 磨床或工件容易生鏽

　　水泥砂輪中的氧化鎂屬於電解質，會促進金屬中電子的釋放，使鐵分子加速被氧化，出現氧化層，生鏽的機台會降低加工精度，增加機台震動，間接影響工件不良率。

解決關鍵

選擇高強度磨料

研磨產生的切削力不足與面粗度改善不易的問題，主要是因為砂輪的磨料強度不足，切削力差，在遇上大進刀量時，磨料崩脫的速度快，使砂輪壽命降低。

選擇高強度磨料的好處是可以維持好的切削力，有效對材料進行移除，減緩磨料鈍化的速度。

砂輪的氣孔

砂輪的氣孔作為散熱及排屑的重要角色，對於重切削更是如此，選擇氣孔排列均勻的砂輪，大進刀量的情況下也能降低研磨產生的高溫，透過氣孔將熱量帶出，或是提供碎屑躲藏的空間，減少掉砂所產生的工件刮傷。

擁有均勻的氣孔在散熱的同時減少砂輪堵塞，延長修整間隔，對於刃口研磨是一項重要的考量。

耐熱性高具彈性之結合劑

研磨刀剪工具時產生的變形、破裂，其主要就是因為砂輪的結合劑強度不足，容易因為大進刀而產生結合劑斷裂，選用高強度結合劑砂輪可以提高砂輪的壽命及安全性，提升產品精度及良率，並且可以取代氧化鎂對環境的汙染及對人體的危害。

而彈性是為了提高工件的面粗度，讓砂輪更貼近工件形狀進行研磨，具有彈性的結合劑也可以避免容易斷裂的狀況，可以承受較大的壓力，延長砂輪壽命。

▍砥礪琢磨問答中心 Q1
為什麼不鏽鋼研磨容易產生刮傷？

作者 / 生堯砥研 技術部

> SUS 316 是「醫療級不鏽鋼」，因含有鉬 (Mo) 元素，與 SUS 304 相比更耐腐蝕、更堅固，常用於食品工業、沿海設施、醫療器材等，應用廣泛。由於不鏽鋼質地較軟，研磨過程中容易產生刮傷，使研磨成品的面粗度不甚理想。
>
> 該如何避免工件刮傷，同時提升研磨效率是一項重要課題！

生堯技術團隊發現，不鏽鋼工件出現刮傷主要有以下三點原因：

(1) 砂輪磨粒大小不均
砂輪中最大與最小的磨粒，其粒徑可能有好幾倍差距，較大的磨粒較突出，就會造成研磨工件的深淺不平均。

(2) 研磨熱造成過度進刀、碎屑沾黏
質地較軟的不銹鋼容易因研磨熱膨脹，進刀量相對變大，造成工件出現深溝；高溫也會使碎屑融化，附著在砂輪或工件表面，研磨時便容易產生刮痕。

(3) 遭磨粒脫落的碎屑刮傷
若砂輪結合力不均，研磨過程中可能造成大片掉砂，若沒有迅速排除，使其滯留在工件或砂輪表面的話，將形成嚴重的刮傷。

要解決不鏽鋼研磨的刮傷問題，生堯技術團隊嚴選了大氣孔砂輪：PT2 次元氣砂輪

◆ **日本 Pore-TEC 氣孔技術**

均勻分布的大氣孔有極佳的散熱效果，能降低研磨熱、迅速排除碎屑，有效減少因工件膨脹或砂輪堵塞而刮傷的情況發生。

◆ **宮島流結合劑技術**

特殊結合劑結構使砂輪有良好形狀保持力，兼具切削力，保持高度自銳性。

◆ **日本高集中度 GC 磨料**

大小均勻且鋒利的磨料，保持高品質的切削力，可長時間進行磨削加工，大幅提升加工效率。

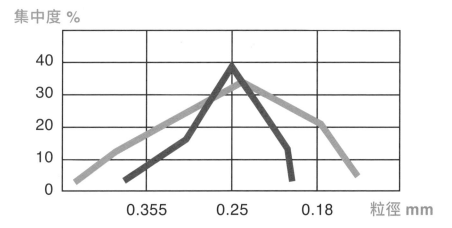

集中度 %

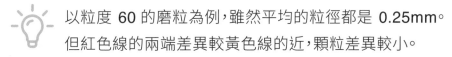

以粒度 60 的磨粒為例，雖然平均的粒徑都是 0.25mm。
但紅色線的兩端差異較黃色線的近，顆粒差異較小。

砥礪琢磨問答中心

Q2 精密成型研磨的砂輪如何選擇？

成型研磨是指讓已成一定形狀的砂輪與加工物件呈現相對性移動而加工，或採用已呈規定形狀之成型磨輪，藉由同轉向研磨加工的研磨加工方法。

廣泛應用於切削刀具、模具零件及模板等各式加工。

砂輪扮演主要角色，因此，砂輪的性能對於成型研磨的品質及效率有非常重要的影響。

本文由砥礪琢磨原創，轉載須註明出處。

砥礪琢磨問答中心統整出大家常有的疑問，並以詳盡的文字為您解惑！歡迎大家一同來探討研磨相關知識！

針對精密成型研磨的砂輪選擇，我們建議可從下列幾點考慮：

① 切削力

② 砂輪的損耗速度

③ 易修整性

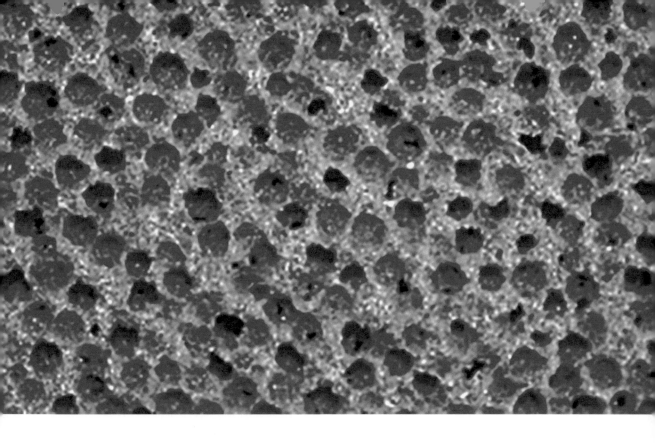

切削力好才能夠精準地達到尺寸精度。如果砂輪切削力好，研磨抵抗就小，除了可加快進刀速度，發熱也較少，砂輪急冷急熱變化程度小，砂輪消耗就會較少。

但如果砂輪的損耗速度過快，即使切削力好，形狀精度也不易穩定達成。因此需要兼顧這二點。

除此之外，也需考慮砂輪的易修整性，如果不好修整，修整器的損耗太大也會造成成本的增加。

所以，選擇「能夠長時間保持切削力」並且「損耗速度慢」的砂輪是成型研磨的重點。

SEYA 建議挑選具有以下兩項特點的砂輪：

◆ 均勻且足夠的氣孔：

良好的氣孔可延長修整間隔、減少震動、提高進刀量、改善面粗度。

◆ 自銳作用：

砂輪本身有自銳作用，在不消耗砂輪的情況下，仍能維持研削力。

砂輪能否均勻地消耗自銳，也是能否達到成型精度的重點。如果自銳作用慢，等於一直用砂輪擠壓工件，而不是進行磨削；因此不易達到形狀尺寸精度。

砥礪琢磨問答中心

Q3 適用於鎳合金的砂輪？

鎳具有良好的力學、物理和化學性能,添加適宜的元素可提高它的抗氧化性、耐蝕性、耐熱性和改善某些物理性能。

在能源開發、電子、航海、航空等領域中,鎳合金都有廣泛用途

鎳的地位主要來自它的各種合金。全世界鎳產量中約 60% 被用於生產各種鎳鋼(特別是不鏽鋼)。

鎳合金屬於超耐熱合金(又稱高溫合金),在較高溫度下,仍具有較高的強度,使砂輪切削力增大。

鎳的硬度不高,但熱傳導率小(耐熱佳),所以散熱性差,造成研磨熱集中在切削區,使溫度升高,鎳合金會產生一層氧化層,不僅加劇砂輪磨損,進而發生燒傷,破壞砂輪的結構而掉砂的狀況。也會使工件變形,造成精度及面粗度不佳。

鎳合金在研磨時掉砂,切屑容易黏著在磨粒上,提高了磨削阻力,加上容易使磨粒的損耗加快。因此,我們認為磨粒很快就喪失了研磨力,變成只有磨擦而沒有研磨,也是發熱的主要原因。

對於此狀況,氣孔只能發揮一部份的功用。

綜合上述原因,針對像是鎳合金這類的難研磨材料,我們建議採用自銳性佳的磨料,如陶瓷磨料、WA、SA 等磨料,擁有較高的硬度及韌性,不斷自我發刃,能維持砂輪的磨削力及減少研磨熱。

最佳選擇為 CBN 磨料，超級磨料本身的高硬度和熱傳導率，研磨時可降低研磨熱對工件的影響，適合研磨低熱傳導率的工件材質，解決磨削比低的困擾。

本文由砥礪琢磨原創，轉載須註明出處。

砥礪琢磨問答中心統整出大家常有的疑問，並以詳盡的文字為您解惑！歡迎大家一同來探討研磨相關知識！

Q4 如何挑選適用於研磨鎢鋼刀具的砂輪?

鎢鋼(Tungsten Carbide)是碳化鎢的俗稱。屬於超硬合金。硬度可以達到 89~95HRA,在 500°C 的溫度下也基本保持不變,1000°C 時仍有很高的硬度,是最硬和最耐磨的金屬之一。它具有耐壓性、耐衝擊性、耐變形性、耐高溫性、耐腐蝕性和耐高壓性,可用於處理最堅硬的材料。

鎢鋼的主要構成部分:

◆ 碳化鎢 (WC) - 形成堅硬階段,比例介於 70% 到 97% 之間

◆ 鈷 (Co) - 做為黏合劑,比例介於 3% 到 27% 之間

少部分其他不同的鎢鋼:

碳化鈦 (TiC)、碳化鉭 (TaC) 或碳化鈮 (NbC)。

要發揮好的研磨效果,磨料的硬度應該是被磨削物的 3~4 倍。研磨鎢鋼這種高硬度材料,SEYA 建議使用鑽石砂輪。

鎢鋼刀具的研磨需求,依 SEYA 的經驗來看,區分為兩種:

(1) 將鎢鋼刀研磨成型:
砂輪需具有較好的研磨力、形狀保持力。此時建議使用樹脂、陶瓷法等鑽石砂輪

(2) 改善刃口的光澤度:
去除前製程的加工痕跡,進而減少切削時的阻力,並提昇鎢鋼刀壽命。此時建議使用彈性的金剛石砂輪去除刀痕。

研磨溫度越高，鎢鋼中用來作為黏合劑的鈷金屬容易被分解出來，加速砂輪堵塞的速度，並出現燒傷等問題。因此選擇的砂輪，以有足夠散熱能力者為佳。SEYA 也建議適當使用研磨液做冷卻、潤滑。

砥礪琢磨問答中心統整出大家常有的疑問，並以詳盡的文字為您解惑！歡迎大家一同來探討研磨相關知識！

Q5 修砂時，修砂筆的速度快一點好還是慢一點？

生堯技術團隊在技術諮詢的過程中，有客戶曾經提問，關於修砂，到底要速度快一點還是還一點好呢？

比較常見的觀念是：如果希望切削力好，就會修的快一點。

當修砂的速度快時，砂輪的表面，鋸齒狀的部份會比較粗，因此如果想要磨得比較細一點時，就會刻意修的慢一點，目的是讓砂輪表面的鋸齒狀較為平滑。（附圖一）

基本的邏輯是：修快一點，砂輪面會較粗，研磨表面較粗糙，但切削力較好；修慢一點，砂輪面較平滑，研磨表面較細緻，切削力較差。

但有時我們會忽略掉一點，其實砂輪的切削面，不是真的像鋸齒狀。而是其實每一個磨料都像一個刃口一樣，以這個當作刃口去做磨削的動作，當砂輪發生鈍化的情形時，我們需要

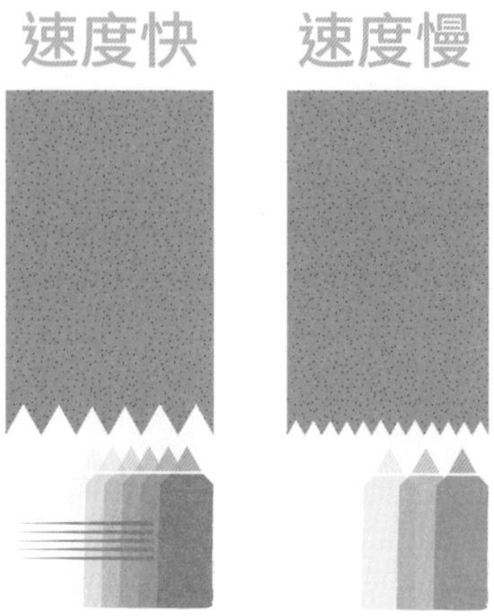

附圖一：砂輪表面的鋸齒狀較為平滑。

重新修出磨料的銳口,基本上是越快,形狀越粗,切削力越好。但修整的太快也會造成問題。

原因是,「快」,就是每次跳動的距離大,因此會形成一個較大的齒形,如果把它放大來看,每一次跳動時,即有可能會跳過磨料去進行修整,第一個修整的位置在 A 磨料,這個磨料被修尖了,但由於移動速度太快,下一個修整的位置跑到 D 磨料了。(附圖二)

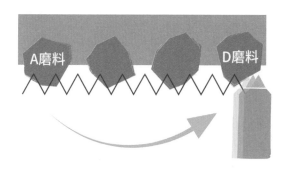

附圖二:磨料打磨不均

所以雖然看起來還是齒型的形狀,但實際上沒有每顆磨料都經過修整,可能有一部份的磨料是被跳過的,因此會造成切削力不佳。更重要的一點是,砂輪銳利的保持性會不夠,因為很可能只有三分之一的磨料被修整到,只有這一部份的磨料有切削力,當然很快就鈍化了。因此,雖然修快一點切削力好,但也需要特別留意太快的話可能會漏掉很多的磨料。造成粗修後,剛開始可以有很好的切削力,但切削力很快就喪失了,有時候就是因為修整速度太快所造成的影響。

反之,當修整速度慢時,好處是每顆磨料都可以均勻的被修整到,但是如果真的太慢的話,可能會完全沒有切削力,甚至出現因為阻力太大把整顆磨料給拔下來的情形,磨料脫落速度太快,造成研磨面不如想像中來得好,砂輪可能會常出現掉砂的狀況。

歸納以上的情況,修整速度有它一定的範圍,可以根據磨料、磨料的大小、砂輪的轉速等等去做設定。雖然我們常說:快一點就「粗」、「利」,慢一點就「細」、切削力差。但有時候出現切削力不夠、維持性不好或者是掉砂的情況的話,很可能是修砂過快或過慢造成的。關於修整的速度,值得大家去留意、探討一下喔!

生堯的官方網站上也有提供關於修整速度的建議資料,歡迎大家參考。

本文由砥礪琢磨原創,轉載須註明出處。

砥礪琢磨問答中心統整出大家常有的疑問,並以詳盡的文字為您解惑!歡迎大家一同來探討研磨相關知識!

研磨產業永續發展

聯合國 SDGs 永續發展目標

圖文 / 砥礪琢磨 編輯部 林晏如

SDGs（Sustainable Development Goals）是在 2015 年由聯合國一致通過的 17 個可持續發展目標，旨在在 2030 年前實現全球公共健康、經濟發展、社會正義和環境保護⋯等領域的建設性變革。這些目標涵蓋了貧困、飢餓、教育、健康、水資源、能源、城市、生態系統、公共服務、經濟發展、工作、社會保障、性別平等、氣候變化、海洋、和平與安全⋯等領域。

SDGs 對研磨拋光產業有什麼影響呢？

SDGs 對研磨拋光產業有著重要的影響。以下提出五項具體面向：

一、環境保護：SDGs 目標中的第 7 目標是「保證可持續的能源供應」，這對研磨拋光產業而言意味著需要減少能源浪費並採用可再生能源。

二、資源效益：SDGs 目標中的第 12 目標是「促進可持續的消費和生產模式」，這對研磨拋光產業而言意味著需要減少資源浪費並採用循環再利用技術。

三、工人安全和福利：SDGs 目標中的第 8 目標是「促進就業、經濟增長、技能和就業機會」，這對研磨拋光產業而言意味著需要提高工人安全和福利。

四、社會公正：SDGs 目標中的第 10 目標是「降低不平等」，這對研磨拋光產業而言意味著需要降低產業中的社會不公。

五、研磨拋光產業可以透過實現 SDGs 目標來提高其經營績效，同時也有助於實現全球可持續發展。

為什麼我們要執行 SDGs 呢？

執行 SDGs 的原因有以下幾點：

(1) 全球議題：SDGs 是全球性的議題，涵蓋了 17 種領域。為了解決這些問題，各國需要共同努力。

(2) 改善社會福祉：SDGs 旨在改善全球各地人民的社會福祉，包括減少貧困、改善健康、促進教育、促進性別平等、降低不平等…等。

(3) 保護環境：SDGs 也重視環境保護，如保證可持續的能源供應、保護生物多樣性、降低溫室氣體排放…等。

(4) 推動經濟發展：SDGs 提倡可持續發展，包括促進就業、經濟增長、技能和就業機會…等。

(5) 支持全球合作：SDGs 是全球合作的重要框架，各國需要共同努力，以達成共同的目標。

台灣工業在達成 SDGs 目標方面面臨著許多挑戰，在執行 SDGs 時面臨的主要困難包括：

1. 經濟成長與環境保護的衝突：台灣工業需要提高生產效率，以滿足市場需求，但這可能會對環境造成負面影響。

2. 能源問題：台灣主要的能源來源為火力發電，造成二氧化碳排放量高，與 SDGs 目標 13 關於「氣候行動」相矛盾。

3. 社會公平問題：台灣工業普遍存在薪資不平等與勞工權益不足的問題，這與 SDGs 目標 8 關於「就業、經濟成長和社會公平」相矛盾。

4. 廢棄物處理：台灣工業產生大量廢棄物，但廢棄物處理問題尚未得到有效解決，這與 SDGs 目標 12 關於「資源效率和廢棄物管理」相矛盾。

　　台灣的磨拋產業可以針對 SDGs 目標進行以下五項具體措施：

(1) 採用綠色能源：透過採用可再生能源，如太陽能、風能、地熱能…等，來減少對環境的影響並實現 SDGs 目標中的第 7 目標。

(2) 建立循環經濟：利用循環再利用技術，如再生廢棄物資源化、再生能源發電…等，來減少資源浪費並實現 SDGs 目標中的第 12 目標。

(3) 優化工人福利：透過提高工人安全、改善工作環境、提高工資福利…等措施，來提高工人福利並實現 SDGs 目標中的第 8 目標。

(4) 推動社會公正：透過推動產業內部公平機會、平等就業、消除歧視…等措施，來提高社會公正並實現 SDGs 目標中的第 10 目標。

(5) 積極參與社會企業：研磨拋光產業可以積極參與社會企業，如支持社區經濟發展、支援弱勢族群、建立社區關係…等，來實現 SDGs 目標中的第 17 目標。

　　總之，台灣工業需要積極採取措施，陸續改善來達成 SDGs 十七項目標。

砂輪回收媒合活動！

SEYA 與您攜手愛地球

砂輪只用了 1、2 次就不用了，

覺得很可惜嗎？

讓 SEYA 幫您媒合有意接收的人！

不知道舊砂輪要怎麼處理嗎？

讓 SEYA 幫您找合法處理機構！

詳情請洽專人

推薦研磨達人

您是否有認識技術高超的研磨達人？

或對於現代加工趨勢有獨到見解的人？

不論您是想毛遂自薦，或是想引薦他人

磨報歡迎各路研磨好手來分享經驗與秘訣！

以上投稿及採訪相關事宜請聯繫

編輯部信箱：grit@seya.com.tw

或來電 (04)3707-1001

其他內容合作如推廣合作、演講、行銷企劃

等，也相當歡迎，我們樂意與您詳談。

如有任何問題，歡迎隨時聯絡 SEYA。

書　　　名：磨報 6 —綠色製造與智慧未來
發　行　人：顏鏘浚
總　編　輯：顏鏘浚
設 計 編 輯：林晏如
出 版 單 位：砥礪琢磨有限公司
地　　　址：台中市北區文心路四段 200 號 3 樓之 5
電　　　話：(04) 3707-1001

網　　　址：https://www.seya.com.tw
出 版 年 月：民國 112 年 3 月 初版一刷
定　　　價：NTD$ 499
Ｉ Ｓ Ｂ Ｎ：978-626-97197-0-9 (平裝)

國家圖書館出版品預行編目 (CIP) 資料

磨報 . 6：綠色製造與智慧未來 / 顏鏘浚總編輯 .
-- 初版 . -- 臺中市：砥礪琢磨有限公司 , 民 112.03
　面；　公分
ISBN 978-626-97197-0-9(平裝)
1.CST: 表面處理 2.CST: 金屬工作法
472.168　　　　　　　　　　　　　112002608

代 理 經 銷：白象文化事業有限公司
經 銷 部：401 台中市東區和平街 228 巷 44 號
電　　　話：(04) 2220-8589
傳　　　真：(04) 2220-8505

版權頁